Herbert Sehner

Was Hütehunde wirklich können

Ihre Fähigkeiten und Einsatzgebiete

KASTNER AG

Inhalt

Ein Blick in die Vergangenheit

Werdegang, Einsatzgebiete und Fachbegriffe

Hüteschäfer und ihre Hunde

Nemo

Koppelschäfer und ihre Hunde

Hütehunde für Rinderhalter und andere Nutztierarten

Helfer mit vielseitigen Talenten

Ein Blick in die Vergangenheit S. 10–41

Über den Beginn des Zusammenlebens zwischen Mensch und Hund gibt es lediglich Vermutungen. Die ersten Schritte der Entwicklung vom Wolf zum Hund sind ebenfalls nur bedingt nachweisbar.

Die Domestikation bewirkt in der Regel, dass Tiere bestimmte Eigenschaften im Vergleich zur ursprünglichen Wildform verlieren. Bei unseren Hütehunden sind die ursprünglichen Eigenschaften aber noch weitgehend vorhanden. Man kann hier auch von einer gewissen „Instinktsicherheit" sprechen. Die Hütehunde zeigen noch sehr ursprüngliche Verhaltensweisen wie Jagen, territoriales Verteidigen und ein Sozialverhalten, wie es bei Wölfen zu beobachten ist. Für uns bedeutet das, dass unsere Hunde die soziale Gemeinsamkeit für ihr Wohlbefinden dringend benötigen. Ein Hund kann nur artgerecht gehalten werden, wenn er in einer sozial klar strukturierten Gemeinschaft lebt, die auch streng hierarchisch organisiert ist.

Werdegang, Einsatzgebiete und Fachbegriffe S. 42–69

Obwohl wir bei unseren traditionellen Hütehunden die Arbeit am Vieh in der Regel als genetisches Erbe voraussetzen, hat sich in den letzten Jahrzehnten einiges in der Veranlagung dieser Hunde geändert. Das vorliegende Buch behandelt im Schwerpunkt die Hütearbeit unserer Hütehunde. Wenn andere Anforderungen an unsere Hütehunde gestellt werden, so zeigen sie eine Reihe weiterer Talente. Als Gebrauchs-, Sport-, oder Diensthunde können sie fast immer gewinnbringend für Mensch und Hund eingesetzt werden.

In der gängigen Literatur wird zwischen Hüte-, Treib- und Schutzhunden unterschieden. Da diese Unterscheidung vielfach nicht eindeutig verstanden wird, werde ich dazu näher Stellung nehmen. Zum besseren Verständnis sollte man sich eine gewisse landwirtschaftliche Fachkenntnis aneignen und sich mit hütespezifischem Wissen auseinandersetzen.

Hüteschäfer und ihre Hunde S. 70–99

Der Schäferberuf ist eine sehr alte, traditionsbehaftete Tätigkeit. Wenn man über Hütehunde berichtet, muss man zuerst an die Menschen denken, die für die Entstehung und den Erhalt dieser Hunde verantwortlich sind. Hier sind es vor allem die Hüteschäfer, deren Eignung besondere Qualitäten voraussetzt. Kein alltäglicher Beruf also, der besonders in der Vergangenheit für die Versorgung der Menschen mit Kleidung und Nahrung eine unverzichtbare Rolle spielte. Leider hat sich die Zahl der Hirten, die noch Wanderschäferei im Sinne der Transhumanz betreiben, in den letzten Jahrzehnten stark reduziert. In der Hütehaltung geht es in erster Linie um ein harmonisches Zusammenwirken zwischen Mensch, Hund und Herde. Am Beispiel eines Lehrhütens werde ich über die Anforderungen an einen Hüteschäfer berichten, wie er sie täglich mit seinen Hunden zu bewältigen hat.

Ein Wächter für alle Lebenslagen.

Das Motorrad spart Kräfte und der Hütehund hilft die Herde zu beobachten.

Der Reifen ist ein schwieriges Sprunghindernis im Hundesport.

Die Frisbeescheibe aus der Luft zu fangen ist hier die Aufgabe.

Koppelschäfer und ihre Hunde S. 100–125

Die Aufgaben des Koppelschäfers unterscheiden sich in einigen Punkten von denen des Hüteschäfers. Die Schafe werden in eingezäunten Flächen gehalten, so dass eine ständige Beaufsichtigung nicht notwendig ist. Dagegen gleichen andere Aufgaben wie Umtreiben, Tierbehandlung, Verladen und sporadische Hüteeinsätze denen des Hüteschäfers. Auch hier gilt: Hunde sind dabei unverzichtbare Helfer! Für eine erfolgreiche Koppelschafhaltung ist natürlich auch gute Fachkenntnis in den Bereichen Tierhaltung, Grünlandwirtschaft und Management erforderlich. Für den Koppelschäfer kommen unsere Bogenläufer (BoL) meist bevorzugt zum Einsatz. Auch hier werde ich anhand der Beschreibung einer Hüteprüfung die Arbeitsanforderung eines Koppelschäfers darstellen.

Hütehunde für Rinder und andere Nutztierarten S. 126–153

In der Rinderhaltung kann man davon ausgehen, dass Hütehunde bereits seit Beginn der Domestikation unserer Haustiere mit eingebunden waren. Aus dem Altertum sind zahlreiche Zeichnungen bekannt, die Hirten mit Rindern und anderen Haustieren zeigen. Heute sprechen vor allem wirtschaftliche Vorteile für den Einsatz gut ausgebildeter Hütehunde. Zeitersparnis und Unfallverhütung sind die Hauptgründe dafür, dass in der Rinderhaltung wieder vermehrt Hütehunde zum Einsatz kommen. Müssen Tiere aus größerer Entfernung eingeholt werden, eignet sich oftmals ein führiger Bogenläufer am besten für die Aufgabe. Sind Milchkühe von den nahegelegenen Weiden einzutreiben, kann ein Furchengänger oder ein Treibhund ebenfalls in Betracht gezogen werden. Der Einsatz von Hütehunden beschränkt sich natürlich nicht nur auf die Arbeit mit Schafen und Rindern. So vielseitig wie unsere Hütehunde hinsichtlich ihres Leistungsspektrums sind, so vielfältig sind auch ihre Einsatzmöglichkeiten an den unterschiedlichsten Nutztieren.

Helfer mit vielseitigen Talenten S. 154–171

Unsere Hunde besitzen aufgrund ihrer Abstammung zum Überleben besonders potente Sinnesorgane. Da ist zum einen der Jagdinstinkt, der spezielle körperliche Fähigkeiten voraussetzt. Dann gibt es noch den Rudelinstinkt, der für viele von uns eine tendentiell gefühlsbetonte Bedeutung hat. Auch wenn Hunde bei uns Menschen oftmals als Partnerersatz und Freizeitgefährten verstanden werden, so dürfen wir ihre weiterführenden Fähigkeiten nicht außer Acht lassen. Ihr besonders leistungsfähiger Geruchssinn und ihr soziales Verhalten machen unsere Hütehunde zu perfekten Helfern. Unabhängig vom Hüten hat auch der Arbeitsbereich der Rettungs-, Spür- und Helferhunde eine lange Tradition im Einsatz für den Menschen. So ist die Wertschätzung unserer Hütehunde in den letzten Jahrzehnten enorm gestiegen. Inzwischen wissen wir, dass es noch vieles gibt, was wir von unseren Hunden lernen können, und dass ihr Leistungsvermögen noch lange nicht vollständig bekannt ist.

Die Treibarbeit erfordert Hunde mit gutem Durchsetzungsvermögen.

Ein guter Helfer für die Rinderarbeit.

Für die Sprungaufgabe muss ein Hund entsprechend aufgewärmt sein.

Die Nasenarbeit ist ein spezielles Hochleistungsvermögen unserer Hunde.

Antike Kunst: Höhlenmalerei, hier Abbildung mehrerer Jäger mit einem Hund. Ein Kunstwerk, das beweist, dass Mensch und Hund bereits in ihrer frühesten Geschichte erkannten, dass ihre Beziehung von beiderseitigem Nutzen ist.
Wie hätte sich die Menschheit wohl ohne unsere Wolfsabkömmlinge entwickelt?

Ein Blick in die Vergangenheit

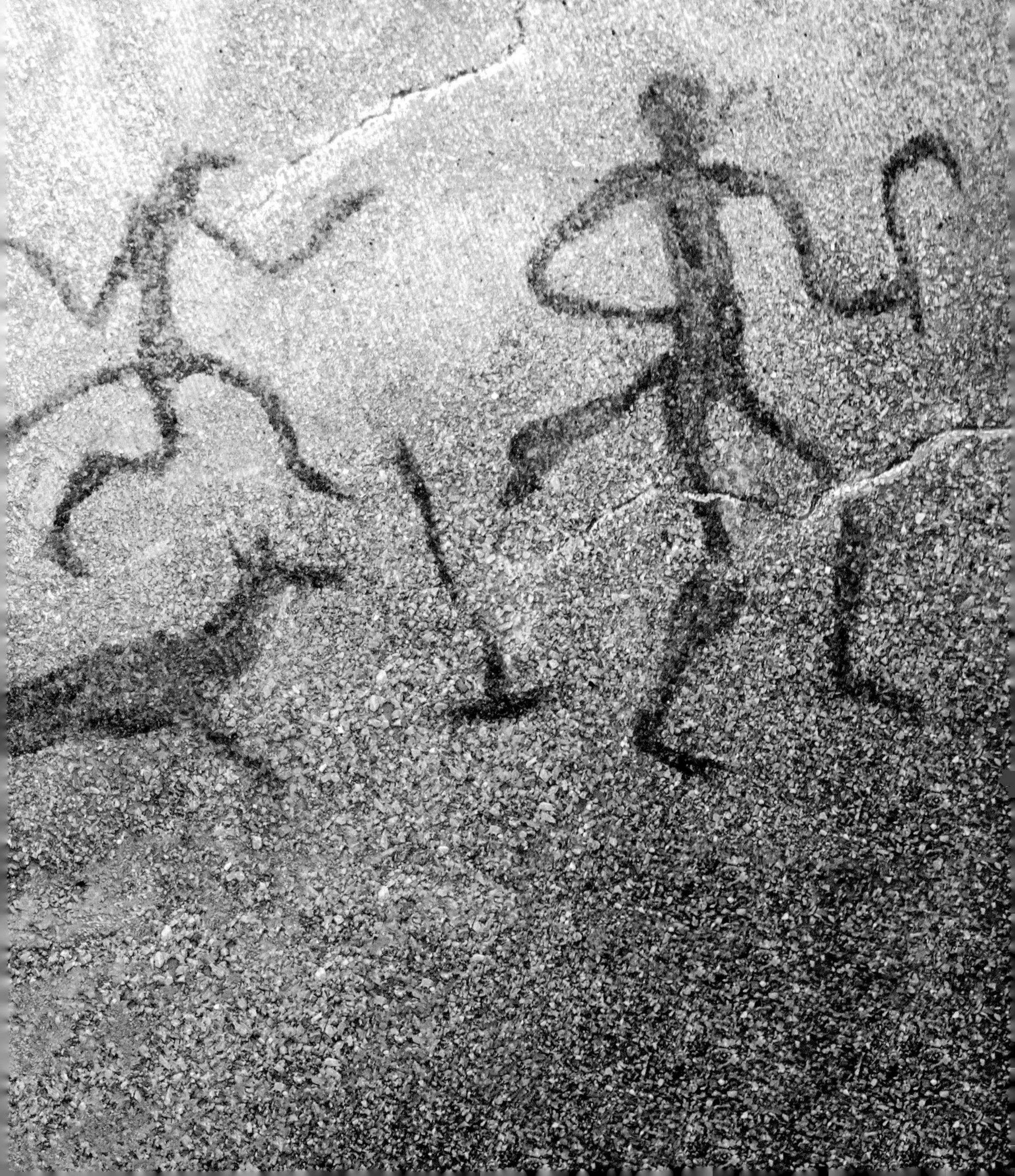

Ein Blick in die Vergangenheit

Über den Beginn des Zusammenlebens zwischen Mensch und Hund gibt es nur Vermutungen.
Erste Schritte zur Entwicklung vom Wolf zum Hund sind ebenfalls nur bedingt nachweisbar. Knochenfunde belegen, dass es wohl bereits vor mehr als 40.000 Jahren erste engere Kontakte zwischen Menschen und Wölfen gegeben hat. Neuere Erkenntnisse gehen sogar von einem noch deutlich früheren Zeitpunkt aus. Es wird von genetischen Berechnungen berichtet, nach denen sich der Hund vom Wolf angeblich schon vor mehr als 100.000 Jahren getrennt haben könnte.

Bei den Nahrung sammelnden und jagenden Menschen könnte es bereits in frühester Zeit erste sogenannte „gezähmte Wildlinge" gegeben haben. Begünstigt wurde die Entstehung der Hundehaltung durch ähnliche Verhaltensweisen und Sozialstrukturen der beiden Spezies Mensch und Wolf. Das Zusammenleben innerhalb beider Gattungen gründet auf einem gut funktionierenden Familienverband. Außerdem bestehen bezüglich des jeweiligen Geruchs wenig Antipathien, was eine Annäherung ebenfalls begünstigt.

In vorgeschichtlicher Zeit lebten die Menschen in Form kleiner, wandernder Gemeinschaften zusammen. Jagende Menschen hinterließen Nahrungsabfälle. Auch in der Nähe der Wohngemeinschaften fanden Wölfe allerlei Futter in den Abfallhalden. Indem sie die Abfälle verzehrten, reinigten sie die Umgebung, beseitigten Gestank und Dreck und verhinderten dadurch das Überhandnehmen von Ungeziefer. So wurden sie im Laufe der Zeit auch als „Müllentsorger" von den Menschen mehr oder weniger toleriert. Wie leicht Wölfe durch Anfüttern, auch in heutiger Zeit, an die Nähe des Menschen gewöhnt werden können, ist inzwischen hinreichend bekannt. Insbesondere wenn sie nicht bejagt werden, kann diese Vertrautheit mit dem Menschen relativ schnell entstehen. Es könnte auch sein, dass Welpen von getöteten Wölfen in der menschlichen Gemeinschaft großgezogen wurden. Dass diese Welpen in den ersten Wochen an der Brust ihrer menschlichen Betreuerin ernährt wurden, ist durchaus vorstellbar – umso mehr da wir wissen, dass Welpen innerhalb kurzer Zeit, bereits nach vier bis fünf Wochen, auch ohne Muttermilch weiter großgezogen werden können. Einige dieser Tiere haben sich

Europäische Grauwölfe in einem Wolfsrudel.

Illustration aus dem 19. Jahrhundert.

dabei so an die Menschen angepasst, dass sie kein Verlangen mehr nach dem freien Wildleben entwickelten. Damit war auch der erste Schritt zur Zähmung eines Wildtieres getan. Von Zähmung spricht man, wenn Tiere dazu gebracht werden, Scheu und Fluchtreflexe vor den Menschen abzulegen und dabei auch ein gewisses Vertrauensverhältnis zu uns Zweibeinern aufzubauen.

Die **jagdlichen Fähigkeiten** werden wohl die ersten Gemeinsamkeiten gewesen sein, die beide Arten zusammengeführt haben. Die Vorteile, die beide Spezies daraus gezogen haben könnten, liegen auf der Hand. Zum einen könnten die Menschen den Wölfen ihre Beute streitig gemacht haben. Zum anderen war sicherlich auch für die Wölfe von den Resten der menschlichen Jagd so einiges Verwertbares zu finden. Mit anderen Worten: Wo immer es Wölfe oder auch Menschen gab, wird es auch Jagdbeute gegeben haben, die für beide Arten überlebensnotwendig war. Als ziemlich sicher gilt, dass sich der Mensch bereits in den Anfängen der Domestikation diese wölfische Fähigkeit zunutze machte.

Der Mensch lernte dabei sicherlich auch die **Wächtereigenschaften** dieser Wolfsabkommen relativ schnell zu schätzen. Wie wir wissen, sind die außergewöhnlichen Sinnesleistungen der Kaniden denen der Menschen um ein Vielfaches überlegen. Feinde oder Raubtiere konnten mit Hilfe der zahmen Wölfe wesentlich früher von den Menschen wahrgenommen werden als ohne sie. Wächtereigenschaften und Verteidigungsbereitschaft dürften anfänglich für die Menschen nur durch besondere Scheuereaktionen bemerkbar geworden sein, da Wölfe fremden Menschen gegenüber sehr scheu sind und demnach wohl eher zur Flucht neigten.

Auch die soziale Ordnung der Wölfe dürfte frühe Kontakte mit den Menschen erleichtert haben. Wölfe haben ein **natürliches Sozialverhalten**. Der wissenschaftliche Ausdruck hierfür ist „sozial obligat". Dies bedeutet, dass Wölfe keine Einzelgänger sind. Sie brauchen Anschluss zu einer sozial strukturierten Gemeinschaft. Das ist in der Regel ein Rudel, welches – wie bei unseren Hunden – auch aus einer oder mehreren Personen bestehen kann. Eine Gemeinschaft jedenfalls, die dann auch hierarchisch organisiert ist. Das Sozialverhalten im Rudel beinhaltet Ausdrucks-, Verständigungs-, Sexual- und Aufzuchtverhalten. Wölfe

Prähistorische Felskunst im Akakus-Gebirge im Südwesten Libyens.

und Hunde sind normalerweise sozial lebende und gesellige Tiere. **Für uns bedeutet das auch heute, dass unsere Hunde diese soziale Gemeinsamkeit für ihr Wohlbefinden dringend benötigen. Ein Hund kann nur artgerecht gehalten werden, wenn er das Gefühl hat, in einer sozial strukturierten Gemeinschaft zu leben!**

Die Wandlung vom Wolf zum Hund hat wohl durchaus einige Jahrtausende gedauert. Mensch und Wolf haben im Verlauf der Zeit einvernehmlich erkannt, dass ihre Beziehung von beiderseitigem Vorteil ist. Sie entstand vermutlich ohne Zwang, da Hundehütten, Ketten und Zäune noch nicht in Gebrauch waren. Es ist durchaus vorstellbar, dass diese Gemeinschaft auch eine gewisse Selektion bei den menschlichen Partnern erzielte. Gemeinschaften mit Menschen, die mit Hunden umgehen konnten, waren anderen Gemeinschaften überlegen. Sie hatten in Krisenzeiten eine bessere Überlebenschance. Ist die innige Beziehung, die heute viele Menschen zum Hund haben, vielleicht auch Ausdruck der genetisch geformten Varianten, die auf diese ursprünglichen Kontakte zurückzuführen sind? Alle heutigen Hunde, ob Schoß-, Familien- oder Gebrauchshund, erfüllen im Zusammenleben mit den Menschen eine Funktion.

Domestikation

Die Domestikation unserer Hunde führte auch zu gewissen Veränderungen, abweichend von der Wildform. Der Begriff „Domestizierung“ leitet sich vom lateinischen Wort „domesticus“ („häuslich“) ab. Damit ist gemeint, dass sich Wildtiere über mehrere Generationen hinweg immer mehr an die Bedürfnisse der Menschen anpassen. So entsteht allmählich eine neue Tierart mit teilweise anderen Eigenschaften als die Wildform. Wolf und Hund sind dafür ein gutes Beispiel, welches uns Hundehalter natürlich besonders interessiert.

Domestikation bewirkt in der Regel, dass Tiere bestimmte Funktionen im Vergleich zur ursprünglichen Wildform weitgehend verlieren und gezielt vom Menschen in einer verjugendlichten Form „fetalisiert“ bevorzugt werden. Das heißt, dass sie durch züchterische Maßnahmen selektiert bzw. geformt werden. Ein weiterer wissenschaftlich gebräuchlicher Ausdruck hierfür ist „retardiert“, welcher besagt, dass viele unserer

Hirte mit Schäferhunden und Schafherde im Wald von Extremadura, Spanische Geschichte des 19. Jahrhunderts, Vintage-Illustration von Gustave Dore.

domestizierten Tiere in der körperlichen oder geistigen Entwicklung im Vergleich zur Wildform zurückgeblieben sind. Man spricht hier auch von einem „Domestikationssyndrom". Die Selektion zu weniger ängstlichen Individuen führt zu Veränderungen im Hormonhaushalt und dadurch zu leichten Defekten der Zellen. Dazu zählen sehr unterschiedliche Dinge wie das häufige Vorkommen von Schlappohren, die bereits erwähnte Verjugendlichung, gefleckte Körperfarben, ein kleineres Hirn, kürzere Schnauzen und diverse andere spezielle Eigenheiten. Ein domestikationsbedingtes Merkmal ist die sogenannte Extrem-Scheckung, wobei das Fell überwiegend oder komplett weiß ist. Diese Fellfarbe, die aber mit gesundheitlichen Problemen einhergehen kann, tragen auch einige unserer Hunde. Die Bevorzugung besonders zahmer, weniger aggressiver und menschenverträglicher Tiere – egal ob Hund oder eine andere Spezies – ist also verantwortlich für viele der Eigenheiten, die unsere Haustiere von der Wildform unterscheiden.

Zu diesem Thema ein kurzer Erfahrungsbericht über das Domestikationssyndrom am Beispiel unserer Rinderzucht: Bei unseren Freilandrindern gibt es von zahm bis relativ feurig alle möglichen Varianten. In der Rinderzucht wird die ruhige Variante als „Schmuserind" in der Werbung und als besonders erstrebenswert angepriesen. Unsere Erfahrung dazu: Die feurigen, agilen, also noch in Richtung Wildform tendierenden Tiere sind im Umgang mit gehörigem Respekt zu behandeln. Im Fortpflanzungsgeschehen sind sie aber relativ unproblematisch. Kalbeverlauf, Kälbervitalität und Aufzuchtverhalten wird meist ohne menschliche Hilfestellung bewältigt. Die besonders Zahmen dagegen sind natürlich relativ einfach und gefahrlos zu handhaben. Ihr Nachteil: Alles, was Vitalität und Robustheit betrifft, kann mit gewissen Defiziten einhergehen. Beim Geburtsverlauf ist menschliche Hilfestellung des Öfteren nötig. Dic Kälber sind kurz nach der Geburt eher träge und benötigen teilweise menschliche Hilfe bei ihren ersten Saugaktionen. Darüber hinaus gibt es zahlreiche weitere Bereiche, um die sich der Mensch bei den „Sanften" zusätzlich kümmern muss.

Was ich mit diesen kleinen Ausflug in die Rinderzucht sagen möchte ist, dass eben alles seinen Preis hat. Selektiert man gewisse Merkmale, wird diese Selektion an anderer Stelle Auswirkungen haben, die man sich vielleicht nicht gewünscht hat. Auch bei unseren **Hütehunden (HH)** hat die Medaille zwei Seiten. Wenn du den besonders

Grab von Mereruka in Sakkara/Ägypten: Relief eines Mannes mit zwei Riesenhunden.

leistungsfähigen und robusten Hund für die Arbeit benötigst, dann musst du eventuell in der Zahmheit einige Abstriche machen. Der träge, verschmuste und relativ retardierte Vierbeiner wird vielleicht als Begleithund einfacher zu handhaben sein. Für seine Gebrauchshundeeignung ist dies aber wahrscheinlich nicht unbedingt von Vorteil.

Die domestikationsbedingte Fetalistion, „Verjugendlichung", führt also in der Regel zu Veränderungen in Körperbau und Sinnesleistungen; Veränderungen, die allerdings von Rasse zu Rasse in unterschiedlichem Ausmaß zu beobachten sind. Bei unseren Hütehunden sind ihre ursprünglichen Eigenschaften vielfach noch weitgehend vorhanden. Man kann hier auch von einer gewissen „Instinktsicherheit" sprechen. Sie zeigen also noch Verhaltensweisen wie Jagen, territoriales Verteidigen und ein Sozialverhalten, das nicht retardiert ist.

Kleine und zierliche Zwerghunde, die auch als **Schoßhunde** bezeichnet werden, sind ebenfalls ein bekanntes Beispiel im Domestikationsgeschehen. Schoßhunde wurden in der Vergangenheit meist als Luxushunde oder Spielgefährten von gut situierten Damen nachgefragt. Wie berichtet wird, war eine ihrer Aufgaben, durch ihre höhere Körpertemperatur die Flöhe vom Menschen abzuziehen. Besonders aus dem 18. Jahrhundert ist bekannt, dass Schoßhunde auch zu sexuellen Zwecken (Zoophilie) dressiert wurden. Denkbar ist außerdem, dass sie bei den auf besondere Eleganz bedachten Frauen auch als lebende Wärmequelle herzlich willkommen waren. Kleinwüchsige Hunde kommen inzwischen auch bei der Hütearbeit zum Einsatz. Die Veranlagung derartiger Hunde zum Fersenbiss (engl. „heel") verschafft ihnen auch beim Großvieh ausreichend Respekt.

Auch die Gene, die mit der Verdauung zu tun haben, weisen zwischen Wolf und Hund Unterschiede auf. Sich wandelnde Ernährungsgewohnheiten der sesshaft werdenden Menschen führten zu einem steigenden Getreideanteil und zunehmend auch zum Genuss von Milchprodukten in ihrem Nahrungsspektrum. Die Hunde passten sich parallel zu den Menschen an, um mit diesen Produkten in der Ernährung zurechtzukommen.

Bleistiftzeichnung eines Hirten mit Schafen und seinem Hund auf dem Feld.

Historischer Hintergrund unserer Gebrauchshunde

Das früheste Haustier war wohl, wie schon mehrfach erwähnt, der Hund. Schon bald nach Beginn der Domestikation wurde er von unseren steinzeitlichen Vorfahren als wertvoller Helfer erkannt. Erste Populationen der Hunde haben sich bestimmt auch immer wieder mit den freilaufenden Wölfen genetisch vermischt. Von Rassehunden im heutigen Sinn kann zu dieser Zeit noch lange nicht gesprochen werden. Es ist noch sehr viel Zeit vergangen, bis aus dem gezähmten Wildling ein Hund wurde, den man auch für die Arbeit an anderen Haustieren gebrauchen konnte. Der angewölfte – also angeborene – Trieb zur selbstständigen Nahrungsbeschaffung war dabei wohl das größte Hindernis. Ein Vergleich zwischen Wolf und Hund zeigt, dass das Verhalten des Hundes bei allen Veränderungen im Aussehen weitgehend wölfisch geblieben ist. Auch wenn etliche Verhaltensweisen ungeschickter oder mit geringerer Intensität ausgeführt werden, so ist der Hund immer noch ein soziales Raubtier, das ein Territorium beansprucht und verteidigt. Es wird auch berichtet, dass er zu verschiedenen Zeiten und an verschiedenen Orten wieder gezielt mit Wölfen gekreuzt wurde. Einige der wolfsähnlichen Rassen wie der Malamut und der Husky werden ihren Ursprung davon haben. Auf Grund der Nähe zum Menschen hat sich seit der Trennung vom Wolf so einiges im Hundeverhalten verändert. Der Hund wurde nach den Bedürfnissen der Menschen gezüchtet. Es entstanden Jagd-, Kampf,- Schutz-, Wach,- Hüte-, Haus-, und Gesellschaftshunde und natürlich auch Mischformen, um nur einige aufzuzählen. Die meisten dieser Hunde leben heute nicht mehr in Hunderudeln, sondern zusammen mit Menschen in kleineren Lebensgemeinschaften.

Jagdhunde: Erste bildliche Darstellungen aus Felszeichnungen zeigen vor allem Jagdszenen, die mit Hilfe von Hunden vonstattengingen. Die Fähigkeiten des Wolfes wie Suchen, Spüren, Hetzen, Fassen, Würgen, Töten, Fressen

Bild „Sheepdog" in „The Encyclopaedia Britannica", Band 7, von C. Blake, 1877, Edinburgh.

und Vertragen der Beute für die Versorgung der zurückgebliebenen Welpen wurde durch gezielte Selektion zu einer jagdlichen Brauchbarkeit umgestaltet. Um die vielfältigen Jagdhunderassen zu erhalten, wie wir sie heute kennen, wurde natürlich eine über viele Generationen planmäßige Zuchtarbeit benötigt. Der Jagdhund soll hier angesprochen werden, da in einige unserer modernen Hütehunderassen Jagdhunde mit eingekreuzt wurden. Ob gezielt oder durch Zufall bedingt, soll einmal dahingestellt bleiben. Die Schnelligkeit, das Vorstehverhalten und auch das Suchpotenzial mancher unserer HH sind Beispiele für diese genetisch verankerten Eigenschaften.

Wach- und Kampfhunde: Nicht viel später als die ersten Abbildungen von Jagdhunden erschienen auch Zeichnungen von besonders großen und kräftigen Hunden. Diese wurden nicht zur Jagd verwendet. Sie dienten vielmehr als Wachhunde und vielerorts auch für den Kriegseinsatz. So wurde zum Beispiel die als „Neapolitanischer Mastiff" bekannte Hunderasse in Italien für blutige Gladiatorenkämpfe im Kolosseum verwendet und von römischen Legionen als Kriegshund gehalten. Größe, Schärfe, Aggressivität, Mut und Kampfeslust waren bei diesen Hunden gefragt.

Wachhund bringt einen bewaffneten Eindringling zu Boden. „Viktorianische Tiergeschichten", 19. Jahrhundert.

Gute Wachhunde sind in der Regel relativ intelligent, aufmerksam und misstrauisch gegenüber allem, das nicht zum eigenen Umfeld gehört. Durch Bellen machen sie auf Unregelmäßigkeiten und Gefahren in ihrem zu bewachenden Territorium aufmerksam. Das Bewachen von Menschen und Viehherden gehörte seit jeher zu den Aufgaben dieser Hunde. Das Schutzverhalten ist primär auf das Bewachen und Verteidigen des Reviers ausgerichtet. Wer auch immer zu seinem Rudel zählt, ob Mensch oder Tier, wird vor Eindringlingen beschützt und verteidigt. In den Anfängen hatten diese Hunde wohl relativ wenig Einfluss auf Hüte- und Treibaktionen. Heute werden sie vor allem zum Schützen von Privathäusern oder sonstigem Eigentum eingesetzt. Wachhunde brauchen eine verständnisvolle Erziehung und können für Anfänger schwierig sein.

Treibhunde: Beim Treiben von Vieh zu Wasserstellen und Weidemöglichkeiten wurde im Laufe der Zeit bemerkt, dass man dazu Hunde gut gebrauchen kann. Hier könnte auch die weiße Fellfarbe, die sich aus der Domestikationsfolge ergeben hat, vorteilhaft gewesen sein. Sie erleichterte ihre Unterscheidung

Antikes Bild: Schäferhund beim Hüten der Schafe.

vom Raubwild, was natürlich bei der Bejagung von Karnivoren hilfreich gewesen war. Dort, wo die weiße Fellfarbe für weniger wichtig erachtet wurde, sind dann auch ganz spezielle Treibhunde wie z.B. der Rottweiler, die Schweizer Sennenhunde oder der Bouvier des Flandres bekannt geworden. Bei den Treibhunden ist ein gewisses Selbstbewusstsein, gepaart mit Hütetrieb und Durchsetzungsvermögen, gefragt.

Für die Treibarbeiten in früherer Zeit mussten teilweise lange Strecken zurückgelegt werden. Es gibt Belege, dass die Ursprünge des Fernviehhandels bis in die Mitte des 14. Jahrhunderts zurückreichen. So mussten zum Beispiel Ochsen aus Ungarn bis nach Bingen am Rhein getrieben werden. Mit dem Aufkommen von Transportfahrzeugen sind in neuester Zeit Treibarbeiten mit Hunden über längere Strecken meist nicht mehr notwendig geworden. Für einige dieser hochspezialisierten Treib- und Wachhunde haben sich dann auch andere Betätigungsfelder ergeben. So wurde z.B. der Rottweiler bereits im Jahr 1910 für den Kriegseinsatz ausgebildet. Auch als Polizeihund ist er inzwischen bestens geeignet und anerkannt. Dass Treibhunde auch heute noch sinnvoll eingesetzt werden können, wird im Verlauf dieses Buches noch weiter aufgezeigt werden.

Hütehunde wurden vor allem in Epochen und Gegenden gezüchtet, in denen kein Bedarf an besonders aggressiven Hunden bestand. Der Übergang vom verwegenen Hirtenhund zu einem eher führigen Hütehund wird sich dann aber nur allmählich entwickelt haben. Mit der Intensivierung der Landwirtschaft wurden vermehrt Hunde benötigt, die die Herden auf Anweisung der Hirten relativ führig und wendig lenken konnten. Um unsere heute bekannten Hütespezialisten züchterisch zu formen, hat es dann aber doch noch einige Jahrhunderte gedauert. Ein bekanntes Beispiel für die „Umzüchtung" wehrhafter Schutzhunde zu führigen Hütehunden sind die Briten. Da es dort offenbar weniger Bedarf an aggressiven Hunden gab, kümmerte man sich bereits frühzeitig primär um die Züchtung friedfertiger Schäferhunde. Das erklärt auch, warum sich viele der britischen Hütehunde besonders gut als Familien- und Begleithunde eignen.

Domestikation weiterer Haustiere

Nach den Domestikationserfolgen der Hunde bis zur Domestikation weiterer Haustiere vergingen erneut Jahrtausende. Mit der Sesshaftwerdung der Menschen begann neben dem Feldfrüchtebau allmählich die Haustierzucht. Hier machten Schafe und Ziegen den Anfang, gefolgt von Schweinen und Rindern. Einige Millionen Jahre lebten Urzeitmenschen als Jäger und Sammler. Der Übergang zur Landwirtschaft aber fand binnen weniger Jahrtausende an mehreren Orten der Erde fast gleichzeitig statt. Die Jungsteinzeit oder das Neolithikum ist eine Epoche der Menschheitsgeschichte, die mit dem Übergang von der Jäger- und Sammlerkultur hin zu sesshaften Ackerbauern und Viehzüchtern einherging. An verschiedenen Stellen der Erde fand dieser Prozess zu unterschiedlichen Zeiten statt: Im Orient bereits ab 8.500 v. Chr. und in Mitteleuropa etwa ab 5.500 v. Chr. Ureinwohner entlegener Inseln, des Amazonas-Regenwaldes oder anderer ursprünglicher Erdteile befinden sich teils bis in unsere Zeit, technologisch gesehen, in der Jungsteinzeit.

Seit der letzten Eiszeit verbreiten sich Rind, Schwein, Schaf und Ziege in ganz Europa. Sie sind somit fester Bestandteil der bäuerlichen Wirtschaftsweise. Die Entwicklung zum heutigen Pferd, Haushuhn und der Hausgans sind dann weitere Errungenschaften, die anschließend in der Landwirtschaft Einzug hielten. Andere heute übliche Haustiere wie die Katze, das Kaninchen, der Karpfen oder die Hausente tauchen erst später, teilweise erst im Mittelalter, in Europa auf. Die Tatsache, dass der Gebrauch von Hütehunden erst mit der Domestikation all dieser Haustierarten einhergeht, ist eine logische Folgerung. Eine zeitliche Verzögerung, bis die Menschheit den Wert unserer **Nutztiergebrauchshunde (NGH)** erkannt hat, leuchtet ebenfalls ein.

Damit diese Tiere für die Menschheit überhaupt nutzbar gemacht werden konnten, musste ihr Verhalten durch Züchtung – und natürlich auch Zähmung – erst einmal entsprechend beeinflusst werden. Auch wenn sie ihr wildes Verhalten wie Fluchtreflexe, Scheue und Aggressivität weniger intensiv zeigen, heißt das noch lange nicht, dass sie sich genetisch wesentlich von der Wildform unterscheiden.

Zeitachse: Ungefährer Anschluss diverser Tierarten an den Menschen (Abb. 1)

Jahr	14.000	8.000	6.000	3.000	1.000	0	500	1.000
Tierart	Hund	Schaf Schwein Ziege	Rind Huhn	Gans Ente	Pferd Katze		Kaninchen	Karpfen

Vom Bronzehund zum Hütehund

Die Bronzezeit ist die Periode in der Geschichte der Menschheit, in der Metallgegenstände vorwiegend aus Bronze hergestellt wurden. Sie umfasst in Mitteleuropa etwa den Zeitraum von 2.300 bis 800 v. Chr. Erkenntnisse über erste Ansätze der Tierdomestikation sind spärlich. Entsprechende Einblicke stammen im Wesentlichen aus Knochenfunden und bildlichen Darstellungen (Höhlenmalereien/Felsbildern). Früheste bekannte Darstellungen von Jagdszenen mit offensichtlich für die Jagd gezüchteten Hunden sind aber auch aus wesentlich früheren Zeiten bekannt. Jagdgebrauchshunde gibt es also schon deutlich länger als unsere heutigen Hütegebrauchshunde.

Höhlenmalerei aus Bulgarien.

Für die Bronzezeit gibt es dann auch teilweise schriftliche Quellen, bessere bildliche Darstellungen und figürliche Abbildungen. Erste Bildnisse von schlanken Windhunden, großen, kräftigen Schutz- und Kampfhunden oder aber auch zierlichen Schoßhunden sind aus dieser Epoche bekannt. Bei einigen unserer heute vorhandenen Hunderassen wird der Bronzehund als Vorgänger der Rasse bezeichnet. Das soll aber nicht heißen, dass dieser damalige Hundetyp in wirklich unverfälschter Art noch in den einzelnen Rassen vorhanden ist. Typische äußere Merkmale wie Rutenhaltung, Körper- und Kopfform mögen zwar durch die aus dieser Zeit überlieferten Abbildungen gewisse Rückschlüsse erlauben. Unsere heutigen Rassen sind jedoch eine Mischung aus meist vielen, auch lokal unterschiedlichen Hundeschlägen. Besonders bei unseren heutigen Gebrauchshunden war vor allem die Eignung für das benötigte Einsatzgebiet das entscheidende Auswahlkriterium. Als Ahnherr unserer heutigen **Deutschen Schäferhunde** und anderer regional verbreiteter ähnlicher Hunde (wie zum Beispiel der **Altdeutsche Schäferhund**) wird ein Bronzehund-Typ beschrieben, der am wenigsten durch züchterische Einwirkungen in seiner Urform beeinflusst wurde. Die äußerliche Ähnlichkeit zum Wolf ist beim Deutschen Schäferhund nur allzu offensichtlich. In verschiedenen Zeiten und an verschiedenen Orten wurden auch teilweise Wölfe eingekreuzt. Aus diesen Kreuzungen sind dann auch einige der **wolfsähnlichen Rassen wie der Malamut und der Husky** entstanden.

Der Kopf eines Schäferhundes aus gelber Bronze mit polierter Nase.

In Mitteleuropa konnten sich Ackerbau und Viehhaltung verhältnismäßig frei entfalten, solange genügend landwirtschaftlich nutzbarer Boden vorhanden war. Die Bevölkerungsentwicklung führte zu einer immer intensiver werdenden Landbewirtschaftung. Es kam zur Vergrößerung der Dörfer und zu Einschränkungen in der Weidehaltung. Das Vieh musste täglich frühmorgens aus den verschiedenen Ställen abgeholt und auf nahegelegene Weiden/Hutungen getrieben werden. Abends wurde es dann in die Siedlungen zurückgetrieben und übernachtete in den Ställen der Bauern. Neben diesen „Heimweiden" gab es auch „Fernweiden", auf denen das Vieh Tag und Nacht von Hirten betreut werden musste. Einhergehend mit dieser Entwicklung ergaben sich, beginnend mit dem frühen Mittelalter, auch in den Sozialstrukturen der Bevölkerung erhebliche Wandlungen. Unter den jetzt entstehenden Berufsbezeichnungen finden sich unter anderem auch „Gemeindehirten". Das **Hirtenwesen** entwickelte sich zu einem differenzierten Berufsstand, bei dem es auch unterschiedliche soziale Rangeinstufungen gab. Unter den Hirten gab es besonders erfahrene Pflanzenkenner, die wegen ihres Wissens als Heiler für Mensch und Tier sehr gefragt waren.

Für die Betreuung der unterschiedlichen Herden wurden teilweise mehrere Personen benötigt. Sozial höher stand jeweils derjenige Hirte, der mit der dem ökonomischen Wert nach wichtigsten Herde betraut war. In der Regel stand der gemeindliche Kuhhirt oder der Schäfer ganz oben in der Rangordnung. Es gab außerdem auch Ross-, Schweine-, Ziegen- und Gänsehirten. Um die anstehenden Aufgaben zu bewältigen, mussten meist auch Frauen und Kinder beim morgendlichen Austrieb, bei der ganztägigen Hutung, beim Eintrieb und selbst bei der Betreuung von Kleinvieh mithelfen.

Jetzt begann die Zeit, in der Hunde vermehrt als Helfer für die Hirtenaufgaben Verwendung fanden. Je größer die Vieherden für die Ernährung der Bevölkerung sein mussten, umso stärker hatten sie unter den vielfältigen Beutegreifern zu leiden. Ohne verteidi-

gungsbereite Herdenbeschützer waren die Hirten hier machtlos. Hirtenhunde waren anfänglich wohl eher starke Kampfhundenaturen. Aus diesen Beschützern der Herden entwickelten sich auch andere eigenständige Schutz-, Begleit-, Wach- und Treibhunderassen. Für die alltäglichen Treib- und Hüteaufgaben wurden aber auch Hunde mit besonderer Führig- und Beweglichkeit benötigt. Für sie erwies sich ein geringeres Gewicht bei entsprechender Wendigkeit als vorteilhaft. Es war also die Epoche angebrochen, in der unsere heutigen „Hütespezialisten“ ihren Ursprung fanden.

Selektions- und Zuchtkriterien von Gebrauchshunden

Die Entwicklung vom Wolf bis zu unseren heutigen hochspezialisierten **Nutzviehgebrauchshunden (NGH)** könnte man im Sinne der Darwin'schen Evolutionstheorie „Survival of the fittest“ mit dem Überleben der am besten Geeigneten umschreiben. Nur war für unsere Hunde weniger die Selektion der in der Natur üblichen Geschehnisse verantwortlich, vielmehr wurden unsere HH vorwiegend von Menschenhand selektiert und entsprechend geformt.

Durch gezielte Zuchtarbeit entstanden im Laufe der Zeit unsere verschiedenen Hunderassen. Örtliche Isolation und die dadurch gegebenen unterschiedliche Anforderungen waren dann der Grund für die Entwicklung verschiedenster Hundetypen. Erste Zuchtanforderungen haben sich wohl vor allem an den Leistungen der Eltern orientiert.

Auch wenn sich die Aufgabenstellungen einer Rasse teilweise immer wieder geändert haben, so haben sich bestimmte Gebrauchsfähigkeiten bei unseren HH doch relativ gut in den Genen verankert. Bei fast allen unseren Hunderassen wird angenommen, dass die Mehrheit von ihnen erstmals als Jagd- und Schutzhund Verwendung fand. Bereits seit 5000 Jahren ist die systematische Hundezucht aus dem alten Ägypten bekannt. Erste gezielte Hundezucht war anfänglich meist an den Bedürfnissen der herrschenden Oberschicht ausgerichtet. Die sportliche Jagd der feinen Gesellschaft war hier die Hauptzuchtrichtung für diese Hunde. Viele der alten Rassen sind demnach in

Das Schäferhunddenkmal ist eine bekannte Bronzestatue in der Nähe der Kirche des Guten Hirten am Lake Tekapo in Neuseeland.

Hirschjagdszene aus dem 17. Jahrhundert.

jahrhundertelangen, machtorientierten Gesellschaften entstanden. Erst in den vorigen Jahrhunderten wird dann auch von Bauernjagdhunden berichtet. Demzufolge dürfen wir also nicht besonders überrascht sein, wenn die meisten unserer Hütehunde die Jagdleidenschaft immer noch relativ leicht abrufen können.

Parallel dazu wurden natürlich auch in der bäuerlichen Wirtschaftsform Hunde für die Bewältigung verschiedener Aufgabenstellungen, unabhängig vom Jagdgeschehen, benötigt. Je nach regionalen Bedürfnissen gab es dann Landschläge mit teilweise gänzlich unterschiedlichem Aussehen und grundverschiedener Arbeitsveranlagung. Die Arbeitsweise eines geduckten und schleichenden Border Collies (BOC) im Gegensatz zur aufrechten Gangart eines Schäferhundes zeigt, wie sich unsere HH oftmals grundsätzlich unterscheiden.

Ein Schäferhund mit dem Hüteverhalten eines Border Collies wurde erstmals 1570 vom Leibarzt Königin Elisabeths 1., Dr. Johannes Caius, erwähnt. In seinem Buch „De Canibus Britannicis" wird ein Hund von mittlerer Größe, „canis pastoralis", wie folgt beschrieben: Dieser „shepherds dogge" arbeitet nach der Stimme seines Meisters oder dessen Handzeichen und bringt die Schafe an den gewünschten Platz, zum Wohle seines Meisters, der dafür seine Füße nicht bewegen muss. Ein Hundetyp also, der im Verlauf dieses Buches als **Bogenläufer (BoL)** bezeichnet wird.

Louis Jean-Marie Daubenton berichtet in seinem Buch „Vollständiger Unterricht für Schäferherren und Schäfer" (erschienen 1782 in Frankreich, 1797 ins Deutsche übersetzt) ebenfalls von Schäferhunden. Darin heißt es unter anderem: „... dass es besser ist keine Hütehunde zu halten, wenn sie nicht gut abgerichtet oder hitzig sind. Sie würden nur Unruhe in die Herde bringen. Ein guter Hütehund hält die Schafe zusammen ohne ihnen Schaden zu tun". Daubenton beschreibt auch die Ausbildung und erwähnt den guten Gehorsam, die Wachsamkeit und den erforderlichen Verteidigungstrieb. In diesem Buch wird auch die Trennung zwischen Hüteveranlagung und Wolfsabwehr angeführt. Eine Hüteveranlagung, wie sie im Verlauf dieses Buches den **Furchengängern (FuG)** zukommt.

Die Zucht nach festgelegten Rassestandards

erbrachte eine klar ersichtliche äußerliche Einheitlichkeit. Modische Schönheitsvorstellungen prägen bei fast allen HH-Rassen bis in die Gegenwart die Zuchtvorstellungen. In der Vergangenheit, genau wie heute, werden für die Arbeit am Vieh belastbare, zuverlässige und ausdauernd arbeitende Hunde benötigt. Aussehen, Form und Farben spielten immer nur eine eher nebensächliche Rolle. Bei den ursprünglichen Hirtenhunden gab es auch schon Landschläge, die regional unterschiedlich aussahen. Sie wurden vorrangig nach Arbeitsleistung und mit Sicherheit auch teilweise nach gewissen Erscheinungsvorstellungen der Hirten gezüchtet. Ein ästhetisches Empfinden im Sinne der Verhältnismäßigkeit im Aussehen hatte die Menschheit schon immer. Das hat unsere früheren Hirten bestimmt auch bei ihren Zuchtentscheidungen beeinflusst.

Erst Mitte des 19. Jahrhundert begann das Interesse an einer organisierten Zucht unserer Hütehunde. Dazu wurden Beschreibungen und Zuchtziele ausgearbeitet, wie sie bereits für andere Nutztierarten vorhanden waren. Anfänglich wurden diese speziellen Standards vor allem für die Beschickung von Ausstellungen benötigt. Für die erste Hundeausstellung wurde Hamburg im Jahr 1863 erwähnt.

Vintage-Porträt einer jungen Frau, dargestellt als eine mittelalterliche Dame im Renaissance-Kleid mit Schoßhund.

Inzwischen gibt es verschiedene international agierende Zuchtorganisationen. Der größte kynologische Dachverband in Europa ist die **Fédération Cynologique Internationale (FCI)**. Die Kynologie ist die Lehre der Rassen und der Zucht von Haushunden. Dieser Verband befasst sich unter anderem mit der Einteilung der Hunderassen in Gruppen und Sektionen und legt auch deren Zucht- und Rassestandards fest.

Außerdem ist innerhalb dieser Organisation die gegenseitige Anerkennung von Abstammungsurkunden (Pedigrees) der Mitgliedsländer garantiert. Die FCI wurde am 22. Mai 1911 von Verbänden aus Deutschland, Österreich, Belgien, Frankreich und den Niederlanden gegründet. Mittlerweile sind 94 Länder Teil der Organisation, wobei es für jedes Land einen eigenen Verband gibt. Der nationale Hundeverband in Deutschland ist der **Verband für das Deutsche Hundewesen (VDH)**, in Österreich der **Österreichische Kynologenverband (ÖKV)** und in der Schweiz die **Schweizerische Kynologische Gesellschaft (SKG)**. Diese Landesverbände stellen eigene Ahnentafeln aus und führen Hundeausstellungen sowie Arbeitsprüfungen durch. Die FCI ist weltweit der größte Dachverband der Rassehundezucht. Danach folgt der **British Kennel Club (KC)** sowie der **American Kennel Club (AKC)**.

Schweizer Sennenhund bewacht die Ziegen.

Bei der FCI sind etwas mehr als 300 Rassen registriert. Davon werden ungefähr 70 als Hirten-, Treib- und Hütehunde geführt. Alle diese Hunderassen werden in zehn FCI-Gruppen mit entsprechenden Sektionen als Untergruppen eingeteilt. Die für die Arbeit am Vieh benötigten Gebrauchshunde sind vorwiegend in Gruppe eins und zwei zu finden.

FCI Rasseneinteilung (Abb. 2)
FCI Gruppe 1: Hüte- und Treibhunde (momentan 43 Rassen)
FCI Gruppe 2: unterteilt in 3 Sektionen Sektion 1: Pinscher, Schnauzer Sektion 2: Molosser Sektion 3: Schweizer Sennenhunde (Appenzeller/Entlebucher/Berner und Großer Schweizer Sennenhund)

Der **Britische Kennel Club (KC)** mit mehreren nationalen Dachverbänden ist eine weitere internationale Organisation. Ohne weitere Benennung ist mit „Kennel Club“ in unseren Breiten meist der britische KC gemeint. Der Britische Kennel Club listet die Gebrauchshunde für die Arbeit am Vieh unter der Kategorie „Pastoral Group". Unter dem Adjektiv „pastoral" wird das Wort „ländlich" verstanden. Mit „Pastoral" sind in diesem Zusammenhang Hüte- bzw. Hirtenhunde gemeint. In dieser Gruppe werden ebenfalls einzelne Hunderassen, ähnlich wie in der oben genannten FCI-Liste, aufgeführt.

Eine weitere international vernetzt agierende Organisation, die sich ausschließlich dem Erhalt und der Förderung bestimmter Hütehunde und deren Arbeitsvermögen widmet, ist die **International Sheep Dog Society (ISDS)**. Gegründet wurde sie im Jahr 1906 in Haddington, Schottland. Außer der Zuchtbuchführung werden unter diesem Dachverband auch Hütewettbewerbe und andere Aktivitäten organisiert. Zuchtstandards, die sich vorwiegend mit Aussehen und Schönheit der Hunde befassen, sind für diese Organisation kein Kriterium. Stattdessen stehen bei der ISDS die Zucht, der Erhalt und die Förderung der besonderen Arbeitseigenschaften von Arbeitshunden im Vordergrund.

Außer den oben genannten Organisationen FCI, KC und ISDS gibt es weitere, teilweise auch nur regional tätige Zuchtorganisationen. Eine in der jüngeren Vergangenheit (1989) gegründete Organisation zur Erhaltung der zum Teil vom Aussterben bedrohten Hunderassen und Hundeschlägen ist die **Arbeitsgemeinschaft zur Zucht Altdeutscher Hütehunde (AAH)**. Für die in dieser Organisation betreuten Hunde wird vor allem Wert auf den Erhalt der zum Teil vom Aussterben bedrohten deutschen Hütehundeschläge gelegt. Außerdem natürlich auch auf deren besondere Hütetauglichkeit an der Herde mit Schwerpunkten wie Hütetrieb, Wesen, Robustheit, Gesundheit und Arbeitswille. Unter dem Begriff „Herde" wird hier in erster Linie eine Schafherde verstanden, er kann sich aber auch auf Kuh-, Ziegen-, Schweine-, Gänse- oder andere Tierherden beziehen.

Besonders für die Rinderarbeit kommen außerdem teilweise **Kreuzungshunde** zum Einsatz, die aber in der Regel in keiner der Hundezuchtorganisationen geführt werden. Durchsetzungsvermögen und Führigkeit bekannter Hunderassen sollen hier durch gezielte Kreuzungen verbessert werden.

Fluch und Segen der modernen Rassehundezucht

Die planmäßige Rassehundezucht mit all den bekannten Vor- und Nachteilen kam in unseren Breiten erst Mitte bis Ende des 19. Jahrhunderts auf. Dazu mussten Beschreibungen und damit die Festlegung eines Zuchtzieles erstellt werden. Als Rasse- oder Zuchtstandard bezeichnet man in der Zucht von Haus- und Nutztieren die von Zuchtverbänden definierten und festgeschriebenen speziellen Merkmale einer Rasse, die als Zuchtziel angestrebt werden. Der Rassestandard bezieht sich auf den gewünschten Phänotyp, wobei der Genotyp auch mit berücksichtigt werden soll. Vorrangiges Ziel dieser Standards ist bei fast allen unseren Rassehunden das Aussehen eines idealen Vertreters der Rasse. Durch die einseitige Fixierung auf phänotypische Merkmale – wie es leider in der Praxis teilweise gehandhabt wird – können Nachteile in der Gebrauchseignung nicht ausgeschlossen werden.

Quelle: Der Bayerische Schafhalter, 1/2014, S.18 / Foto: Hans Chifflard

Schäfer mit Bobtail auf der Winterweide Ein kerniger Hund, der für die Hütearbeit geschoren werden muss.

In der Regel definieren die Zuchtverbände eine detailliert festgelegte **Zuchtordnung**. Sie wird zum Beispiel im Club für Britische Hütehunde wie folgt beschrieben*: „Die Zuchtordnung dient der Förderung planmäßiger Zucht funktional und erbgesunder, wesensfester Rassehunde. Erbgesund ist ein Rassehund dann, wenn er Standard-Merkmale, Rassetyp und rassetypisches Wesen vererbt, jedoch keine erheblichen erblichen Defekte, welche die funktionale Gesundheit seiner Nachkommen beeinträchtigen könnten. In der Zuchtordnung sind die rassespezifischen Gebrauchseigenschaften der jeweiligen Rasse angemessen zu berücksichtigen."

Bei fehlerhaften oder falsch interpretierten Rassestandards können teilweise auch gesundheitliche Probleme entstehen, die zum Teil tierschutzrelevant sind. Das Zuchtgeschehen wird bei unseren anerkannten Zuchtorganisationen in der Regel äußerst gut dokumentiert und mehrfach überprüft. Trotz dieser Bemühungen sind bei fast allen unserer Hunderassen eine Reihe genetischer Defekte bekannt. Eine durchaus beachtenswerte Anzahl der reinrassigen Hunde sind inzwischen Träger mindestens einer oder mehrerer ungünstiger Genvarianten. Durch vernünftige Zuchtverfahren, die auch genetische Tests beinhalten, können inzwischen auch bestimmte Krankheiten weitgehend ausgeschlossen werden. Rassehundezucht, insbesondere wenn sie auf ganz spezielle phänotypische Merkmale ausgerichtet ist, wird leider oft mit relativ nahe miteinander verwandten Tieren durchgeführt. Auch werden in der Zucht bei fast all unseren Tieren irgendwann die Zuchtbücher geschlossen – also Kreuzungen, auch wenn sie sinnvoll sein könnten, nicht mehr erlaubt. Der Genpool wird natürlich dadurch immer stärker eingegrenzt. Die für die Gesunderhaltung einer Rasse notwendige Populationszahl wird dabei leider meist nicht ausreichend berücksichtigt. Inzucht kann aber bei gewissen Rassen und auch Arten, die vom Aussterben bedroht sind, innerhalb einer gezielten Linienzucht sinnvoll sein. In der freien Wildbahn verpaaren sich auch teilweise Verwandte, wie Eltern mit Kindern oder Geschwistern. Die Selektion der erbkranken Tiere wird dann entsprechend der Lebenskraft in der Regel auf natürlichem Weg vollzogen.

Einige der einschlägigen Zuchtorganisationen bieten für ihre Mitglieder und für bestimmte Hunde auch Leistungsprüfungen für Gebrauchshunde an. Beim Club für Britische Hütehunde (CfBrH) sind dies dann zum Beispiel

* Dieser Wortlaut ist der Zuchtordnung vom Club für Britische Hütehunde e.V., Stand 05/2022, § 2, Allgemeines (5) und (10) entnommen.

Leistungsnachweise für Agility, Obedience und Hüten. Bei Erreichen eines gewissen Leistungsgrades – besser gesagt: bei Bestehen einer entsprechenden Prüfung – gibt es dann ein Gebrauchshundezertifikat. Dieses kann dann für zuchtrelevante Ereignisse verwendet werden. Beim Club (Kurzform für CfBrH) ist dies dann die Berechtigung zum Start in der Gebrauchshundeklasse bei Ausstellungen oder auch als Voraussetzung für eine Sonderkörung, die für die Zuchtzulassung von Hunden ohne Ausstellungsnachweise benötigt wird.

Wenn, wie bei unseren Hütehunden, die Arbeitsleistung züchterisch oftmals nicht mehr weiter als wichtig erachtet wird, ergeben sich eben auch anders geartete Hunde. Elegante, leichtfüßige Hunde werden vielfach zu schwerfälligen, in der Mobilität eingeschränkten Vertretern ihrer Rasse. Robuste Allwetter-Fellvarianten werden schnell zu pflegeintensiven Friseurobjekten. Besonders bei einigen unserer Britischen Hütehunde ist die Züchtung auf ein üppiges Haarkleid zu beobachten. Lange, zottige Fellvarianten sind natürlich für den Einsatz bei der Hütearbeit alles andere als geeignet. Bereits bei einfachen Hütetätigkeiten würden sich zahlreiche Verschmutzungen in ihrem Fell sammeln, was sie für die Arbeit dann untauglich macht. Wenn man sich dazu einmal einen **Old English Sheepdog (OES)** in der heutigen Fellvariante bei der Arbeit am Vieh vorstellt, wird dieses Problem leicht verständlich sein. Der OES war ursprünglich als wehrhafter Treib- und Schutzhund bei der Hütearbeit besonders gut einsetzbar. Er wird übrigens in einigen Ländern immer noch für die Arbeit am Vieh eingesetzt. Die Lösung für das allzu üppige Haarkleid des Hundes ist dann der Schafscherer, wenn er den Betrieb für die Schafschur besucht.

Wie immer man zu diesem Thema stehen mag, Änderungen an Gebrauchsanforderungen hat es immer gegeben und wird es immer geben. So hat beispielsweise beim **Deutschen Schäferhund** die Aufgabenstellung in den letzten hundert Jahren mehrfach gewechselt. Der ursprüngliche Hütehund wurde bereits zu Beginn des 20. Jahrhunderts im Polizeidienst verwendet, danach dann als vielseitig einsetzbarer Katastrophen-, Schutz-, Spür-, Kriegs-. Blinden- und Lawinenhund. Heute ist er neben diesen Aufgaben für viele auch als reiner Gesellschaftshund populär. Auch unsere **Altdeutschen Hütehunde** sind zwischenzeitlich in allen Bereichen des Hundesports, der Rettungsarbeit oder auch als reine Familienhunde zu finden. Ihr Arbeitswille, die Hütebereitschaft und die Wachsamkeit gepaart mit einer guten Portion Eigenwilligkeit sind allerdings Eigenheiten, die eine besondere Herausforderung für den Besitzer bedeuten. Die Arbeitsgemeinschaft Zucht Altdeutscher Hütehunde (AAH) definiert das Zuchtziel unter anderem wörtlich wie folgt*: „Das Aussehen der Hunde ist bei der Zucht im Sinne der AAH von untergeordneter Bedeutung, in erster Linie sollen die Altdeutschen Hütehunde als Arbeitshunde an der Herde erhalten werden. Gefördert werden sollen das Wesen der Altdeutschen Hütehunde, die Gesundheit, der Hütetrieb, die Robustheit, die Wesensfestigkeit, die Ehrlichkeit

* Satzung der Arbeitsgemeinschaft zur Zucht Altdeutscher Hütehunde Landesverband Niedersachsen (AAH), 1. Absatz „Präambel"

Altdeutscher Hütehund

Deutscher Schäferhund

sowie der Arbeitswille und die Ausdauer an der Herde." Da der Genpool der Altdeutschen relativ beschränkt ist, wird das Vorhaben, diese Hunde auch weiterhin in ihrer Ursprünglichkeit zu erhalten, meiner Meinung nach nicht problemlos umsetzbar sein.

Die Umzüchtung der Hütehunde zu reinen Schau- und oder Familienhunden hat natürlich auch Auswirkungen auf deren Wesensmerkmale. Sobald dieser absolute Wille zu dienen, die Fähigkeit, selbstständig intelligente Entscheidungen zu treffen sowie konstante Hüteleistungen weniger wichtig sind, wird sich das auch auf das Wesen der Hunde auswirken. Früher oder später wird sich der Charakter dieser Hunde mehr in Richtung Verjugendlichung ausprägen. Sie werden sich also mehr wie Welpen oder Junghunde benehmen. Anschmiegsamkeit, Spiel- und auch Futterbelohnungsverhalten wird sich anders darstellen als bei unseren relativ instinktsicheren Hütespezialisten. Eigenschaften also, die bei reinen Schmusehunden gar nicht so unwillkommen sind. Auch wenn Hüten durch Sportaktivitäten ersetzt wird, wird sich auf lange Sicht einiges bei unseren HH ändern. Jüngstes Beispiel sind Agilityhunde. Ein top Agility-Hund muss nicht gleichzeitig auch ein top Hütehund sein. Umgekehrt trifft das natürlich auch entsprechend zu. Nicht zu vergessen sind bestimmte Hütehunderassen, die für ihren ausgeprägten Schutztrieb bekannt sind. Diese Hunde durch Zucht zu problemlosen und führigen Familienhunden zu verändern ist mit Sicherheit nicht ganz einfach.

Die Erkenntnisse aus dem Zuchtgeschehen der historischen wie auch der jüngeren Vergangenheit zeigen uns, dass auch unsere Hütehunde im Laufe der Zeit immer wieder an neue Ansprüche angepasst werden. Ob gewollt oder auch nicht, der Verwendungszweck ändert sich – und damit auch die Anforderung an die Genetik der Hunde. Auch das aktuelle Wissen bezüglich einer möglichst stabilen Gesundheit kann Änderungen im Zuchtgeschehen erforderlich machen. Um die Vitalität einer Rasse zu erhalten, kann auch eine Einkreuzung anderer Zuchtrichtungen notwendig werden. **Eines dürfen wir bei unseren Hütehunden aber auf keinen Fall vergessen: Die Gebrauchseignung für die Arbeit am Vieh muss bei all diesen Überlegungen immer im Vordergrund stehen. Einfach deshalb, weil Hütehunde mit ihrer ganz besonderen Arbeitseignung mit Sicherheit auch in Zukunft dringend gebraucht werden.**

Einsatzgebiete unserer Hütehunde

Unsere Gebrauchshunde erledigen bestimmte Aufgaben, die in der Regel kein Mensch und auch kein anderes Tier besser bewältigen könnte. Sie sind Hunde, die mit ihren speziellen Talenten für ganz bestimmte Tätigkeiten Verwendung finden. Ihr Arbeitswille gepaart mit einem ausgeprägten Geruchssinn, dem guten Gehör und der Ausdauer sind ihre absoluten Stärken. Zu ihnen zählen vor allem Hunde, die seit langem von Menschen für ganz spezielle Arbeiten gezüchtet und eingesetzt werden. Als Jagd-, Wach-, Kampf- und Hirtenhunde wurden sie ursprünglich dringend benötigt und dafür gezüchtet.

Schlittenhundegespanne im Schneesturm (aus „Das Heller-Magazin", 13. März 1834).

Eine Grundsatzfrage, die im Zusammenhang mit all den Einsatzmöglichkeiten unserer HH immer wieder gestellt wird, ist: Kann ein Hütehund, der zum Hüten ausgebildet wurde, auch für andere Aufgaben wie Hundesport oder Suchhundeaufgaben erfolgreich Verwendung finden? Im Umkehrschluss natürlich die gleiche Frage: Kann ein Sport- oder Suchhund auch später noch als Hütehund Verwendung finden? Meine Erfahrung ist: Wenn er genügend Hütetrieb hat, dann eigentlich immer! Natürlich muss die Umstellung von einer Einsatzart zur anderen Berücksichtigung finden. So wird zum Beispiel der Agility-Hund bei ersten Hüteeinsätzen immer wieder zum Hundeführer blicken, um weitere Kommandos zu erhalten, und der Suchhund wird seine Nase wohl stärker gebrauchen als erwünscht. Wenn man sich bei ersten Ausbildungsversuchen oder auch von Kommentaren Außenstehender nicht verunsichern lässt, kann man den Hund mit großer Sicherheit für unterschiedliche Aufgaben ausbilden. Natürlich gibt es einige Tricks, derer man sich dabei bedienen kann. Soll beispielsweise der Hund, der vorwiegend zum Hüten verwendet wird, jetzt zum Suchhundeeinsatz gebraucht werden, dann wird das Halsband durch ein Suchgeschirr ausgetauscht – und schon ist das ein

Signal für den Hund, dass jetzt eine andere Aufgabe von ihm verlangt wird. Außerdem erkennt der Hund weitere Signale wie die Kommandosprache und andere offensichtliche Unterscheidungskriterien, die ihm helfen, sich auf seine momentane Aufgabe einzustellen. Nochmals: ich bin überzeugt davon – und mit mir viele andere Hütehundebesitzer auch – **dass es fast nichts gibt, was dein HH nicht erlernen kann. Hier sind außer der Veranlagung des Hundes vor allem deine Fachkenntnis und auch deine Bereitschaft gefragt, umzudenken und sich an die neue Herausforderung anzupassen. Es gibt genügend Beispiele dafür, dass ein und derselbe Hütehund für etliche unterschiedliche Aufgabengebiete einsetzbar ist!**

Unsere Hütehunde sind Arbeitshunde,

die für alle möglichen Tätigkeiten einsetzbar sind. Grundsätzlich können fast alle unsere Hunde, nach entsprechender Ausbildung, ihr Können in einer Gebrauchshundeprüfung mit den unterschiedlichsten Anforderungen unter Beweis stellen.

Für dieses Buch möchte ich vorrangig unsere Hütespezialisten mit ihren ursprünglichen Aufgabenbereichen thematisieren. Es gibt natürlich noch eine Reihe weiterer Einsatzgebiete, in denen unsere Hütehunde Verwendung finden. Zu nennen sind hier Assistenz-, Dienst-, Therapie-, Rettungs-, Wach-, Schutz- und natürlich auch Sporthunde. Zur Arbeit der Hunde in diesen Bereichen möchte ich hier aus Informationsgründen, jedoch nur in Form eines kleinen Einblicks, kurz Stellung nehmen.

Nutzviehgebrauchshunde (NGH), die auch teilweise mit dem Oberbegriff „Herden- oder Hirtenhunde" bezeichnet werden, sind Hunde, die zur Arbeit am Nutzvieh verwendet werden. Hüten, Treiben, Beschützen und dem Hirten als Begleithund zu dienen sind, in groben Zügen ausgedrückt, ihre Tätigkeitsgebiete. Da diese Aufgaben zu den – im Sinne dieses Buches – absolut ursprünglichen Einsatzgebieten gehören, werde ich, wie schon erwähnt, noch ausführlicher darauf eingehen.

Nutzviehgebrauchshund

Assistenzhunde sind speziell ausgebildete Hunde, die ihren Menschen helfen, den Alltag zu bewältigen. Menschen mit Behinderungen zu begleiten, als Blindenhunde oder Warnhunde für Krankheitsepisoden im Einsatz zu stehen und vieles mehr ist es, was diese Hunde für ihre Besitzer leisten.

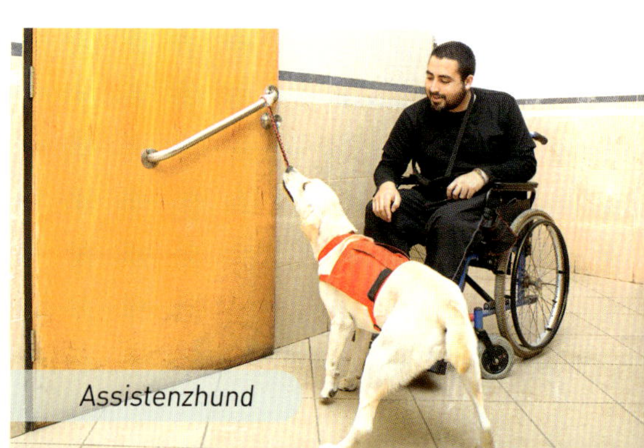

Assistenzhund

Diensthunde sind Hunde, die in der Armee, beim Grenzschutz oder der Polizei Verwendung finden. Sie haben in der Regel eine relativ hohe Schutzhundeveranlagung in ihren Genen verankert. Sie leben in der Regel bei ihrem Diensthundeführer, der sie im besten Fall ein ganzes Hundeleben lang begleitet.

Therapiehunde leisten gezielte tiergestützte, therapeutische Maßnahmen in vielen Lebensbereichen der Menschen. Sie schenken Aufmerksamkeit und Zuneigung sowohl im Therapie- als auch im häuslichen Bereich. Auch **Begleithunde** können in diesem Zusammenhang erwähnt werden. Ihre vorrangige Aufgabe ist die Begleitung ihres Halters. Mit ihrer freundlichen und geduldigen Art haben sie auf viele einen überaus positiven Einfluss. Sie helfen aber auch Pädagogen oder Pflegekräften. An Schulen werden sie teilweise im Unterrichtsgeschehen unterstützend eingesetzt.

Therapiehund

Rettungshunde suchen nach verschütteten oder verlorengegangenen Menschen. Sie müssen menschenfreundlich, verträglich und leicht zu

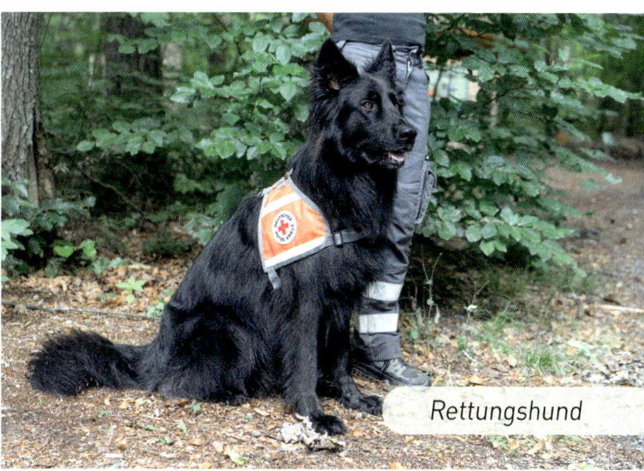
Rettungshund

motivieren sein sowie über eine gute Nase verfügen. Ihre Hauptaufgabe ist die Flächensuche in Wald und Flur. Für die Fundmitteilung werden sie, je nach Ausbildungsmethode, als Verbeller, Bringsler oder Rückverweiser trainiert. Auch das „Mantrailing (Personensuche)“ dient als Unterstützung für die Flächensuchhunde. Sie baut auf der Fähigkeit auf, einer bestimmten Duftspur über eine lange Distanz zu folgen.

Wachhunde haben die Aufgabe, ein Revier, ein Grundstück, eine Viehherde oder anderes zu bewachen bzw. zu schützen. Sie sollen Fremdannäherung anzeigen und, wenn nötig, durch Bellen melden. Ein Wachhund muss nicht unbedingt ein ausgebildeter Schutzhund sein. Im Gegenteil – er soll nicht zu aggressiv sein. Eindringlinge sollen ab-

Wachhund

geschreckt werden, nicht gebissen. Ein fachgerechtes Training, gute Erziehung und Sozialisierung ist für diese Hunde besonders wichtig.

Schutzhund

Schutzhunde werden auf gewisse Reize konditioniert, die vor allem mit dem Beute- und Schutztrieb zusammenhängen. Sie benötigen eine überaus gezielte Ausbildung, insbesondere dann, wenn sie gegen Menschen scharf gemacht werden. In der Regel nehmen sie ihr Aufgabengebiet als Diensthund wahr.

Zughunde hatten in der Vergangenheit viele wichtige Aufgaben zu bewältigen. Besonders die Schweizer Sennenhunde waren für ihre diesbezüglichen Fähigkeiten bestens bekannt. Als „Pferd des kleinen Mannes" machten sie sich nützlich, indem sie zum Beispiel Waren zum Markt brachten oder auch schwere Milchkannen zur nächsten Käserei transportierten. Auch in der Armee dienten sie in der Vergangenheit zum Transport von Munition, Verpflegung und sogar von Verwundeten. Obwohl wir beim Stichwort „Zughund" spontan an Schlittenhunderassen denken, haben einige unserer Hütehunde ebenfalls eine langjährige diesbezügliche Tradition. Inzwischen wurde diese Tradition mit der Veranstaltung von Zughundewettbewerben wieder neu belebt. Ein Einsatzgebiet für unsere diversen Hütehunde, das – wenn es fachgerecht gehandhabt wird – Mensch und Hund viel Freude bereiten kann. Inzwischen gibt es auch eine Reihe von Zughundesportangeboten. Dazu zählen zum Beispiel auch **Bikejörning, Skijörning** und natürlich auch der Schlittenhundesport. Bei diesen Sportarten geht es darum, dass der Hund – alleine oder im Gespann mit mehreren Hunden – Menschen auf dem Fahrrad, auf Skiern, auf dem Schlitten oder auf Kutschen hinter sich herzieht.

Zughund

Unsere Hütehunde sind auch im Hundesport sehr beliebt.

Bei diesem Begriff denkt man in erster Linie an Bewegung und Fitness für alle Beteiligten. Was aber mit Sicherheit genauso positiv gewertet werden kann sind die dadurch hervorgerufenen Erfolgserlebnisse, die Kopfarbeit, Erziehung und soziale Interaktion. Welche der zahlreichen Sportarten für die individuelle Mensch-Hundekonstellation geeignet ist, hängt vielfach auch von der körperlichen und mentalen Eignung der Beteiligten ab.

Die Mehrheit der heutigen Hütehundebesitzer beschäftigt sich wohl nicht mehr mit der Hütearbeit. Auf der Suche nach anderen Einsatzmöglichkeiten stellt der Hundesport, abgesehen von Ballspielen und dergleichen, eine sinnvolle Alternative dar. Voraussetzung für die Bewältigung aller Sportaktivitäten ist eine gut strukturierte Basisausbildung. Bei den meisten dieser Sportarten kann der Hund auch schon als Junghund spielerisch auf die späteren Anforderungen herangeführt werden. Ein intensiveres Training sollte dagegen in der Regel erst frühestens ab dem 12. Lebensmonat begonnen werden – in einem Alter also, in dem es für Körper, Knochenbau, Muskeln und Sehnen keine übermäßige Belastung mehr bedeutet.

Agility (Agi) ist eine Hundesportart, bei der Hütehunde besonders oft zu sehen sind. Der englische Begriff steht für Wendigkeit, Flinkheit und Agilität. Der Parcours, der aus mehreren Hindernissen wie Wippe, Hürden, Tunnel, Sack, schräger Kletterwand, Slalom, Reifen und anderen Aufgabenstellungen besteht, erfordert eine gewisse Schnelligkeit, Ausdauer und großes Geschick. Da der Hundeführer die Strecke zusammen mit seinem Hund ablaufen muss, ist hier auch die Fitness des Menschen gefragt. Der Verlauf der Strecke, die dabei zu bewältigen ist, darf je nach Prüfungsstufe 100 bis 220 Meter lang sein. Agility ist ein erzieherisch-sportliches Spiel, das Ähnlichkeit mit einem Reit- und Springturnier im Pferdesport hat.

Hoopers, auch bekannt unter „Hooper-Agility", ist eine Sportart, die aus den USA kommt. Eine relativ junge Hundesportart, die immer mehr Anhänger findet. Wie im klassischen Agility gibt es auch hier Hindernisse, die in einer bestimmten Reihenfolge vom Hund durchlaufen werden müssen. Anders als im Agility muss der Hund in diesem Parcours nicht springen. Eine weitere Besonderheit besteht darin, dass der Hundeführer nicht mitläuft. Er muss sich während des Wettbewerbs in einem festgelegten Führbereich aufhalten, den er während des Laufes nicht verlassen darf. Der Hund wird mit Körpersprache, Sicht- und Hörzeichen auf Distanz durch den Parcours geführt. Eine Hundesportart, die besondere Ausbilderqualitäten erfordert, aber im Gegensatz zum klassischen Agility auch für Hundeführer geeignet ist, die selbst nicht so beweglich sind.

Hoopers ist eine Sportaktivität, die vermehrt Zuspruch findet.

Agility

Begleithundesport beinhaltet sowohl Gewandtheit als auch Gehorsamkeitsübungen, um Hund und Halter dazu zu verhelfen, sich in der Öffentlichkeit problemlos zu bewegen und den richtigen Umgang miteinander zu erlernen.

Canicross ist ein Geländelauf (Cross-Country), bei dem Hund und Mensch zusammen in einem Team laufen.

Degility ist eine Kombination aus den Begriffen „Agility" und „Mobility". Eine ruhige Sportart, die auf Sprünge und Schnelligkeit verzichtet.

Dog Dancing

Dog Dancing hat das Ziel, Mensch und Hund zu musikalischer Begleitung eine Choreografie in möglichst perfekter Darbietung präsentieren zu lassen.

Dog Diving ist eine Sportart, bei welcher der Hund von einem Podest aus möglichst weit ins Wasser springt. Bei einer weiteren Disziplin muss ein Spielzeug im Wasser gefangen oder ein Dummy apportiert werden.

Dog Frisbee ist auch als „Discdogging" bekannt – es handelt sich einfach um Frisbeespielen mit dem Hund. Der Mensch wirft den Frisbee, der Hund fängt ihn aus der Luft und bringt ihn zurück.

Dummytraining nutzt die angeborene Apportierfreude des Hundes. Eine Hundesportart, die ursprünglich aus dem Jagdtraining stammt.

Hundebiathlon ist ein Vielseitigkeitswettbewerb für Führer und Hund. Auf einem Geländelauf von ca. 6 bis 11 km müssen Hindernisse überwunden werden.

Obedience (Gehorsamkeit) ist eine Sportart, bei der es besonders auf harmonische, schnelle und exakte Ausführung der Übungen ankommt.

Rally Obedience besteht aus durchschnittlich 17–23 Stationen. Dabei ist möglichst schnelles und präzises Arbeiten gefragt; es handelt sich also um eine Art aufgewerteten Obedience-Wettbewerb.

Treibball hat die Aufgabenstellung, Gymnastikbälle in Zusammenarbeit von Mensch und Hund in ein Gatter zubringen. Dabei geht es vor allem um Geschicklichkeit, klare Kommunikation und gute Teamarbeit. Die Aufgaben-

Treibball

stellung erinnert an die Treibarbeit an Nutzvieh. Die Bälle (Schafe) haben eine durchschnittliche Größe von 45–85 Zentimetern. Im Gegensatz zu Flyball ist diese Sportart weniger auf Geschwindigkeit ausgelegt.

Mondioring

Die vorgestellten Einsatzmöglichkeiten unserer HH sind nur ein Ausschnitt von all dem, was gegenwärtig in diesem Bereich angeboten wird. Neue Ideen entstehen permanent, werden Hundesportbegeisterten angeboten und in der Praxis weiterentwickelt. Ein Teil dieser Aktivitäten wird auch von der FCI mit einer detaillierten Prüfungsordnung begleitet. Um Hund und Mensch zu beschäftigen, gibt es natürlich eine ganze Reihe von Möglichkeiten. Für den Hund gilt es vor allem, die in seiner natürlichen Veranlagung vorhandenen Fähigkeiten zu fördern. Ob die individuelle Stärke in der Nasenarbeit, dem Apportieren oder der Geschicklichkeit liegt – dem Hund sollte genügend Freiraum gelassen werden, mitzudenken und seine eigenen Handlungsmöglichkeiten einzubringen.

Bei den meisten dieser Sport- und Gebrauchsaktivitäten wird immer wieder betont, dass sie für fast alle Hunde geeignet sind. Unsere Hütehunde sind tatsächlich an all diesen Aktivitäten beteiligt, wenn auch mit unterschiedlich großem Erfolg. Natürlich gibt es auch hier – wie bei allen Lebewesen – immer Multitalente, die in jedem Bereich hervorragend einsetzbar sind. In der Regel ist aber eine gewisse Schwerpunktveranlagung zu beobachten. Dazu ein kleines Beispiel aus der Hütearbeit: Ein bestens veranlagter Border Collie, der bei Rindern und Schafen fantastische Hüteleistung bringt, kann gleichzeitig bei der Geflügelarbeit überhaupt nicht zu gebrauchen sein. Trotz aller Trainingsversuche lässt ihn das Federvieh total unbeeindruckt. Man könnte fast den Eindruck haben, er empfindet diese Arbeitsanforderung als unter seiner Würde. Das kann von Desinteresse bis hin zu totaler Arbeitsverweigerung reichen. Liegt das nun an der Genetik, der Mentalität oder vielleicht der körperlichen Eignung? Wir wissen es nicht. Was wir aber mit Sicherheit wissen: Zwingen können wir ihn nicht, jemals ein guter Geflügelarbeiter zu sein.

Für die meisten Hundesportarten, beginnend mit dem Training, muss der Hund reif genug und meist auch ausgewachsen sein. Sprünge, Landungen und Einsatzdauer dürfen für den Körper keine übermäßige Belastung darstellen. Der Junghund kann aber vorbereitend mit Gehorsams- und Unterordnungstraining beschäftigt werden.

Die Eignung beachten

Obwohl wir bei unseren traditionellen Hütehunden die Arbeit am Vieh als absolutes genetisches Erbe voraussetzen, hat sich in den letzten Jahrzehnten einiges in der Veranlagung dieser Hunde geändert. Ob das aus der Sicht eines Nutztierhalters als erstrebenswert erachtet wird, ist jedoch fraglich.

Wenn andere Anforderungen an die Gebrauchsaktivitäten gestellt werden, ändert sich auch die Leistungsveranlagung im Lauf der Zeit. Auf die Hütearbeit unserer HH wird im Laufe dieses Buches noch weiter detailliert eingegangen. **Wenn wir also unabhängig vom Hüten die Gebrauchshundeeignung unserer Hunde betrachten, dann ergeben sich die in Abb. 3 gelisteten unterschiedlichen genetisch bedingten Talente.** Die Entscheidung, für welches Einsatzgebiet oder welche Sportart der jeweilige Hund geeignet ist, wird natürlich von seiner psychischen und physischen Veranlagung beeinflusst.

Hunde mit unterschiedlichen Talenten (Abb. 3)

- Zughund
- Suchhund
- Wachhund
- Agility-Hund
- Obedience-Hund
- Wasserhund
- Kleinwüchsige Hunde

Wenn wir uns für einen bestimmten HH entscheiden, werden wir nicht umhinkommen, die in **Abb. 3** gelisteten Talente zu berücksichtigen. **Ein Lastenziehhund**, der das Dreifache seines eigenen Gewichtes ziehen kann, muss natürlich auch eine entsprechend kräftige Statur besitzen. Der **Suchhund** wird umso erfolgreicher sein, wenn er die entsprechende Veranlagung auch in seinem Freizeitverhalten zeigt. **Wach- und Schutzhundeveranlagung** ist bei bestimmten Rassen besonders ausgeprägt vorhanden. Als **Agi-Hunde** werden die Wendigen und Spurtfreudigen bevorzugt. Bei den **Obedience-Hunden** sind besonders führige Hunde gefragt, die auch als **Assistenz- oder Therapiehunde** zum Einsatz kommen können. Bei **Wasserhunden** ist bekannt, dass bestimmte Hunde gerne ins Wasser gehen, während andere das Wasser um jeden Preis meiden. **Kleinwüchsige Hunde** haben natürlich andere Verwendungsmöglichkeiten als die Großen, egal, ob dieser Zwergwuchs selektions- oder mutationsbedingt ist. Sie nehmen im Hundesport teilweise auch in gesonderten Klassen an Wettbewerben teil.

Auch die unterschiedlich vorhandenen Wesensmerkmale sind rasseübergreifend zu beachten. Der Draufgänger wird mit Sicherheit für anderes geeignet sein als der Sensible. Was wir aber als Besonderheit bei all unseren HH beachten müssen, ist der Anteil der Schutzhundegenetik, welche alle in unterschiedlicher Intensität besitzen. Es ist wohl das Erbe ihrer Hirtenhundevergangenheit, welches bei ihnen noch immer präsent ist (siehe dazu auch **Abb. 4**). Ein Hund mit ausgeprägtem Schutztrieb bereitet dir bei bestimmten Sportarten mit Sicherheit keine große Freude. Auch wenn du eine ausgesprochen talentierte Führungspersönlichkeit bist, wird sein

Treibhund im Milchviehstall.

Verhalten dir in gewissen Situationen die Grenzen deiner Einflussmöglichkeit zeigen. Führigkeit und der Wille, uneingeschränkt zu dienen, sind in der Regel nicht seine Stärken. Ob sich diese Hunde auch als unproblematische Familienhunde eignen, ist ebenfalls kritisch zu betrachten. Sie sind mit Sicherheit keine Anfängerhunde!

Die Verwendung unserer Hütehunde als Gebrauchs- und Sporthunde führt fast immer zu positiven Resultaten bei Mensch und Hund. Wenn bei diesen Aktivitäten auch Prüfungs- und Wettkampfsituationen stattfinden, möchte ich doch auch eine mögliche Kehrseite ansprechen. Übermäßiger Ehrgeiz und ausgeprägtes Streben nach Erfolg kann bei Hund und Mensch deutlich negative Auswirkungen zeigen. Übertreibungen, egal welcher Art, sind vielfach mit Stress und damit mit der Ausschüttung von Stresshormonen verbunden. Der Schaden, den ein Übermaß an Stresssituationen körperlich und geistig anrichten kann, ist uns allen bekannt. Trotz Ruhm und Erfolgsaussichten sollten wir dies nicht aus den Augen verlieren.

Bewachen und Verteidigen in unterschiedlicher Ausprägung

Bei all unseren Hütehunden ist die Schutzhundegenetik in variierender Form vorhanden. Besonders ausgeprägt ist sie bei den im Schutzdienst oder für den Herdenschutz verwendeten Rassen. Selbst unter den Border Collies gibt es Hunde, bei denen eine gewisse Schutztendenz zu beobachten ist.

Daran, dass sich dieses Schutzverhalten in alle Bereiche ihrer Einsatzgebiete auswirkt, müssen wir immer denken. Die daraus resultierende Sturheit oder der vermeintliche Ungehorsam ist genetisch bedingt und nicht Ausdruck einer Böswilligkeit. Auch auf die Gefahr hin, dass ich mich wiederhole: Schutz- und Wachbereitschaft ist ein Urinstinkt, der bei fast allen Hunden – und besonders bei unseren Hütehunden – immer noch vorhanden ist. Typische Schutzhunde sind selbstständig arbeitende Hunde, misstrauisch gegenüber Fremden und kämpferisch gegenüber allem, was nicht zum Rudel gehört. Eine gewisse Bellfreudigkeit ist bei den meisten auch ein Zeichen verstärkt vorhandener Wachhundegene.

Ein weiteres Unterscheidungsmerkmal, das ich mit **Abb. 4** vermitteln möchte, ist die Triebintensität, anhand derer wir unsere HH unterscheiden können. So sind es vor allem die Bogenläufer, die am liebsten alles zusammentreiben möchten, was sich bewegt. Weiterhin gibt es den ausgeprägten Hetztrieb, der sich besonders bei den Treibhunden bemerkbar macht. Und, nicht zu vergessen, natürlich auch den Schutztrieb, der unseren Herdenschutzhunden zu eigen ist. Näheres dazu ebenfalls im weiteren Verlauf dieses Buches.

Mit **Abb. 4** soll Folgendes zum Ausdruck gebracht werden: Das farbig hinterlegte Feld, das mit „HSH" (Herdenschutzhund) beschriftet ist, zeigt den Anteil der Schutzgene eines Hundes. Der sinkende grüne Graph zeigt die abnehmende Steuerbarkeit (Gehorsamswille) bei zunehmender Schutzgenetik. Der steigende rote Graph soll uns daran erinnern, dass das Führungsvermögen des Hundeführers bei zunehmender Schutzgenetik ebenfalls besser ausgeprägt sein muss. Die senkrechte Achse zeigt den Anteil der minimalen und maximalen Ausprägung der Veranlagung an. Die waagrechte Achse ist in die Bereiche A/B/C eingeteilt. Diese Achse soll die jeweilige Platzierung bestimmter Hunde aufgrund ihrer Veranlagung beschreiben.

Zum Bereich A zählen beispielsweise Border Collies oder Kelpies, welche nur minimale Schutzhunde-Anteile in ihren Genen verankert haben. Im C-Bereich könnte dann zum Beispiel ein Maremmano Abruzzese oder ein Kangal zu finden sein, da diese eine ausgeprägte Schutzveranlagung besitzen. Im Bereich B stehen unsere be-

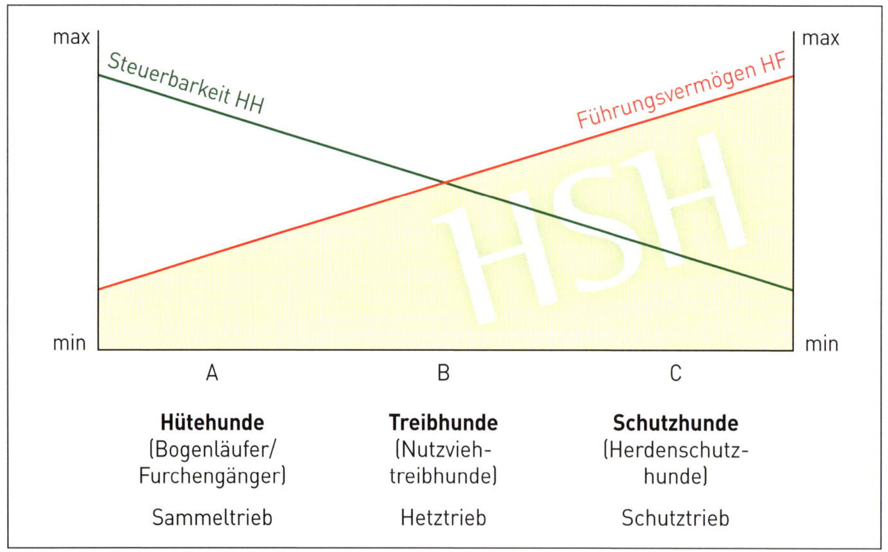

Abb. 4: Die Steuerbarkeit des Hütehundes (HH) und das Führungsvermögen des Hundeführers (HF) in Abhängigkeit von der Schutz- und Wachveranlagung des Hütehundes.

Dieser Border Collie zeigt, dass er die Veranlagung zum Bogenlaufen in seinen Genen verankert hat.

kannten Treibhunde wie zum Beispiel Sennenhunde, Malinois oder teilweise auch Harzer Füchse und Westerwälder Kuhhunde – Rassen also, die eine beträchtliche Schutzveranlagung vorweisen können. Natürlich gibt es außerdem zahlreiche Rassen, die man zwischen A und B oder B und C platzieren kann. Hier finden sich auch Kreuzungen oder Hunderassen, die aufgrund ihres Erbes in ihrer Eignung stark differieren. Streuungen in der Veranlagung sind bei fast allen Rassen zu beobachten. Deshalb ist es auch nicht überraschend, wenn beispielsweise ein Australian Shepherd – der phänotypisch einem Border sehr ähnlich ist – im Schutzverhalten mehr im Treibhundebereich (B) liegt.

Die Einordnung in Hüte-, Treib- oder Schutzhund soll einen Anhaltspunkt bieten, wo diese Hunde in Bezug auf ihre Schutzveranlagung eingeordnet werden können. Diese Positionierung sollte jedoch nicht als festgeschriebene Größe missverstanden werden. So können zum Beispiel bestimmte Treibhunde mehr in Richtung Schutzhund oder in Richtung Hütehund veranlagt sein. Zu der umgangssprachlichen Bezeichnung „Hütehund" werde ich noch gesondert Stellung nehmen. An dieser Stelle möchte ich aber bereits darauf hinweisen, dass ich in obiger Abbildung zwischen Furchengänger (FuG) und Bogenläufer (BoL) unterscheide. Typische Furchengänger können durchaus bis hin zu B/C eingeordnet werden, wenn sie zu den Draufgängern zählen. Analog dazu kann auch bei den anderen Varianten eine Verschiebung in beide Richtungen nötig sein. Der Anspruch an das Führungsvermögen steigt mit der Schutzgenetik. Wir müssen uns aber im Klaren darüber sein, dass Hunde im Hütebereich generell nur bei fundiertem Fachwissen geführt werden sollten.

Dass diese Graphik nicht auf wissenschaftlich hinterlegte Größen, sondern auf meiner eigenen Einschätzung und Erfahrung beruht, muss der Ordnung halber noch erwähnt werden. Es geht mir hier vor allem um die Korrelationen, die sich aus diesen Zusammenhängen ergeben. Deren Berücksichtigung soll uns helfen, unsere Hütehunde richtig einzuschätzen.

Rinder, Hunde und Mensch sind hier gute Bekannte. Ein Umstand, der die Arbeit für alle Beteiligten erleichtert. Diese Bullenherde würde fremde Hunde als Bedrohung empfinden und entsprechend aggressiver auf den vermeintlichen Erzfeind, den Wolfsabkömmling Hund, reagieren.

Werdegang, Einsatzgebiete und Fachbegriffe

Werdegang unserer Nutzviehgebrauchshunde (NGH)

Im nun Folgenden wird eine Fülle von Fachbegriffen mit entsprechenden Abkürzungen eingeführt. Da dieses Buch den Einsatzmöglichkeiten unserer Hütehunde gewidmet ist, sollte ein entsprechendes Wissen auch helfen, den Umgang mit der Thematik zu erleichtern. Der Viehwirt wird früher oder später mit diesen Begriffen konfrontiert werden. Es handelt sich also um ein Fachwissen, das ihm helfen wird, seine Hütehunde in jeder Hinsicht fachgerecht zu führen.

Vom Wolf bis zu unseren heutigen, hochspezialisierten **Nutzviehgebrauchshunden (NGH)** wurden einige Tausend Jahre Zuchtarbeit benötigt. Erste Hirtenhunde können mit der Sesshaftwerdung der Menschen in Verbindung gebracht werden. Das nachfolgend aufgezeigte Entwicklungsschema soll einen groben Überblick verschaffen, wie sich unsere Hütehunde im Laufe der Zeit aus andern Gebrauchshunden herauskristallisiert haben. Außerdem soll diese Aufstellung auch einen Einblick zu spezifischen Fachbegriffen und deren Abkürzungen vermitteln.

Der gezähmte Wildling, der bereits ein gewisses Vertrauensverhältnis zum Menschen entwickelt hatte, hat sich über viele Generationen hinweg schrittweise an die Bedürfnisse der Menschen angepasst. Der Wolf wurde somit zum

<table>
<tr><th colspan="20">Vom Wolf zu unseren Hütespezialisten (Abb. 5)</th></tr>
<tr><td colspan="20">Wolf
gezähmter Wildling</td></tr>
<tr><td colspan="20">domestiziert zu</td></tr>
<tr><td colspan="4">Schoßhund</td><td colspan="4">Kampfhund</td><td colspan="4">Hirtenhund</td><td colspan="4">Schutzhund</td><td colspan="4">Jagdbegleiter</td></tr>
<tr><td colspan="20">weiter entwickelt zu unseren heutigen
Hütespezialisten</td></tr>
<tr><td colspan="4">Furchen-
gänger
(FuG)</td><td colspan="4">Bogen-
läufer
(BoL)</td><td colspan="4">Nutzviehtreib-
hund (laut/lautlos)
(NTH)</td><td colspan="4">Herden-
schutzhund
(HSH)</td><td colspan="4">Hof-/Fami-
lienhund
(HFH)</td></tr>
<tr><td colspan="20">im Einsatz als</td></tr>
<tr><td colspan="5">Hüte-
gebrauchshund
(HGH)</td><td colspan="5">Koppel-
gebrauchshund
(KGH)</td><td colspan="5">Rinder-
gebrauchshund
(RGH)</td><td colspan="5">Geflügel-
gebrauchshund
(GGH)</td></tr>
</table>

Hund domestiziert. Die Fähigkeit des Wolfes zu jagen und sein Schutztrieb, der für die territoriale Verteidigung des Rudels eine Rolle spielt, ist bei allen unseren Hunden immer noch vorhanden, wenn auch meist in abgeschwächter Form. Der Hund wurde nach den Bedürfnissen des Menschen gezüchtet. Es entstanden Jagd-, Kampf,- Schutz-, Wach,- Hüte-, Haus- und Gesellschaftshunde und natürlich auch diverse Mischformen.

Bis sich aus den gezähmten Wildlingen brauchbare **Hirtenhunde** entwickelten, gingen Jahrhunderte vorüber. Der Übergang vom verwegenen Hirtenhund zu einem führigen Hütehund ist dann ebenfalls nur allmählich vorangeschritten. Mit der Intensivierung der Landwirtschaft wurden vermehrt Hunde benötigt, die die Herden auf Anweisung der Hirten relativ führig und wendig lenken konnten. Es entstanden somit unsere **Hütespezialisten**, wie wir sie heute kennen. Sie sind nach wie vor ursprüngliche Arbeitshunde, welche ausdauernd, führig, wendig und wachsam sind. Außerdem ist bei den meisten von ihnen eine ausreichende Sensibilität gefragt, um sicherzustellen, dass sie auf kleinste Gesten und ohne größeren Aufwand seitens des Hirten reagieren. Ob sie bei der Arbeit bellen ist eine weitere Spezialisierung, die meist rassebedingt unterschiedlich ist.

Bevor wir uns mit den Hütespezialisten befassen, müssen wir uns aber aus Gründen der Verständlichkeit mit den unterschiedlichen Betriebsstrukturen in der Landwirtschaft näher bekanntmachen.

Betriebsformen in der Landwirtschaft

Betriebsstrukturen und Weidesysteme haben teilweise eine lange Tradition. Auf Grund wirtschaftlicher Zwänge hat sich in den letzten Jahrzehnten auch eine gewisse Umstrukturierung ergeben. So entwickelte sich zum Beispiel die Haltung von Nutztieren hin zur Beweidung eingezäunter Flächen oder gar zur permanenten Stallhaltung. Der Einsatz von Hütehunden hat sich ebenfalls entsprechend weiterentwickelt oder angepasst.

Ein Hütegebrauchshund (HGH), der sich von all den Schafen nicht aus der Ruhe bringen lässt.

Die meisten unserer Nutztiere sind seit Urzeiten Weidetiere, die sich auch heute noch im Freien besonders wohl fühlen. Aufgrund klimatischer Bedingungen und wirtschaftlicher Überlegungen haben sich, den Umständen entsprechend, unterschiedliche Betriebsformen ergeben. Die Weidehaltung wird in Mitteleuropa in den jeweiligen Gegenden und Ländern unterschiedlich gehandhabt. Die traditionelle Hütehaltung, bei der die Tiere ohne feste Einzäunung von Mensch und Hund gehütet werden, ist stark rückläufig. Die meisten unserer Nutztiere werden inzwischen in eingezäunten Flächen gehalten. Freier Weidegang ist vor allem auf den Almen und in den Bergregionen noch immer möglich. Nutztiere sind außerdem inzwischen vermehrt auch ganzjährig im Stall untergebracht. Auch in der Stallhaltung werden Hütehunde als Helfer benötigt. Was wir in Verbindung mit unseren Hütehunden bezüglich ihrer Einsatzgebiete in der Landwirtschaft wissen sollten, wird nachfolgend beschrieben.

Der Bewegungsablauf eines HGH ist auf Langstreckenlauf ausgerichtet.

Die **Hütehaltung** hat in den letzten Jahrzehnten stark abgenommen. In Deutschland dürften es derzeit bei den Schafhaltern weniger als 2.000 Betriebe sein, die ihre Tiere noch über die Hütehaltung versorgen. Wegen ihrer traditionellen Bedeutung möchte ich diese Betriebsform zuerst vorstellen.

In der Hütehaltung werden Nutztiere auf nicht eingezäunten Flächen mit Hilfe von Hunden und der Präsenz eines Hirten gehütet. Nach Sättigung des Weideviehs wird dieses in einen Nachtpferch getrieben oder – wenn möglich – eingestallt. Die Nachtpferche werden in der Regel täglich mit Elektronetzen – früher mit Holzhurden – neu errichtet. Bevor künstliche Düngemittel erhältlich waren, war dieses Pferchen bei den Bauern ein begehrtes Mittel, ihre Felder zu düngen. Die Gegenleistung der Bauern war dann ein kleiner Geldbetrag, Verpflegung und Unterkunft für die Schäfer. Außerdem war der Schäfer auch als Überbringer von Neuigkeiten und teilweise auch als Kenner der Pflanzenmedizin willkommen. Der Ausdruck „Schäferstündchen“ hat wohl aus diesem Zusammenhang auch seinen Ursprung. So manch akribisch verfasste Ahnentafel könnte aus diesem Grund die eine oder andere Schwachstelle haben. Einen Schäfer im Stammbaum zu haben – legitim oder illegitim – ist eine Möglichkeit, die man nicht unbedingt ausschließen kann.

Der von der Allgemeinheit als besonders idyllisch empfundene Schäferberuf ist in Wirklichkeit alles andere als eine Tätigkeit für Jedermann. Um ein geeigneter Tierwirt – und besonders ein

Furchengänger (FuG) bei der Arbeit.

Hüteschäfer – zu sein, muss man überdurchschnittliche Naturverbundenheit, Robustheit, Willenskraft und ein eisernes Durchhaltevermögen besitzen. Auch wenn die Hütetätigkeit bei schönem Wetter durchaus ihre Reize haben kann, so sind **8 bis 12 Stunden** hüten, egal ob's stürmt oder schneit, **täglich zu bewältigen**. Hinzu kommen die zahlreichen dazugehörigen Arbeiten, sodass ein Arbeitstag mit 12 bis 15 Stunden keine Seltenheit ist. Inzwischen haben die meisten größeren Hütebetriebe gut konzipierte Stallungen, was die Arbeit wenigstens in den Wintermonaten etwas erleichtert.

Dazu fällt mir folgende Begebenheit ein: Es war an einem besonders miesen Frühwintertag, nasskalt, windig mit beginnendem Schneeregen, als ich von meiner damaligen Bürotätigkeit nach Hause fuhr. Unterwegs sah ich den in unserer Gegend noch aktiven Wanderschäfer in völlig durchnässter Kleidung seine Schafe hüten. Er war für dieses Wetter aus meiner Sicht völlig unzureichend gekleidet. Eine – mit den Augen eines verweichlichten Büromenschen betrachtet – absolut lebensbedrohliche Situation also. Ich fuhr sofort zu ihm und fragte, wie ich helfen könnte: Trockene Kleidung bringen, einen Ersatzschäfer suchen oder Regenkleidung organisieren. Er aber sprach: **„Der's nass macht, macht's auch trocken."** Es fehlte noch die Bemerkung, Archimedes entsprechend: „Störe meine Kreise nicht." In den Nachtpferch getrieben hat er seine Schafe natürlich erst, als alle auch wirklich satt waren. Das Ende dieses Wanderschäfers war dann ebenfalls, seiner Einstellung entsprechend, etwas anders als das des Durchschnittsbürgers. Er hat seine Schafe bis ins hohe Alter täglich gehütet. Eines Tages fand

Ob Regen oder Sonnenschein, die Schafe müssen gehütet werden.

man ihn dann leblos zwischen seinen Tieren. Seine freilaufenden Hütehunde waren bei ihm, sodass die Bergung dieses Schäferkollegen wegen der Verteidigungsbereitschaft seiner Hunde nicht ganz reibungslos vonstattenging. Ich frage mich, was wohl sein letzter Gedanke gewesen war. Ich denke, es könnte – seiner grundsätzlichen Lebenseinstellung gemäß – folgender gewesen sein: **„Der's gegeben hat (das Leben), der wird's auch nehmen."**

Die **Koppelhaltung** hat sich vor allem mit der Weiterentwicklung von langlebigen Zaunsystemen immer mehr durchgesetzt.

Unter Koppel versteht man ein eingezäuntes oder durch andere Fluchthindernisse eingehegtes Landstück.

Die Koppelhaltung ist die häufigste Form der Weidehaltung von Tieren in den meisten europäischen Ländern. In dieser Haltungsform wird zwischen Stand-, Portions-, Umtriebs- und Mähweide unterschieden. Eine Weidehaltung also, bei der sich Tiere ohne Aufsicht durch einen Hirten frei bewegen und grasen können.

Auch hier könnte man die Frage stellen: Ist die Tätigkeit eines Landwirts, der seine Tiere in eingezäunten Flächen hält, ein Traumberuf? In Hüte-/Schäferkreisen wird salopp von „Kopplern" gesprochen. Oftmals wird diese Haltungsform auch im Nebenerwerb betrieben. Die Arbeit mit den Tieren vor und nach der eigentlichen Erwerbsstätigkeit kann entspannend, aber auch sehr anstrengend sein. Ohne Idealismus und Naturverbundenheit geht es auch mit Hilfe der Zäune nicht. Der gesamte Tagesablauf und auch das Freizeitgeschehen müssen auf die Tiere abgestimmt sein. Mein grundsätzlicher Kommentar im familiären Umfeld: **„Die Versorgung der Tiere hat immer Vorrang, egal, was sonst noch ansteht."** Derzeit kommt für viele das Wolfsproblem noch erschwerend hinzu. Kein Wunder also, dass auch für diese Betriebsform eine Abnahme der Aktiven zu erwarten ist.

Als **Standweide** wird ein System bezeichnet, bei dem das Weidevieh während der gesamten Vegetation auf derselben Fläche bleibt. Diese Weideform hat in Bezug auf den Arbeitszeitbedarf gewisse Vorteile, da ein regelmäßiges Umtreiben der Tiere nicht notwendig ist.

Koppelgebrauchshund (KGH) in Ausbildung.

Ein KGH mit der typischen Körperhaltung eines Bogenläufers (BoL)

Nachteilig ist vor allem die ungleichmäßige Futterbeschaffenheit, die jahreszeitlich bedingt sehr schwankend sein kann. Außerdem ist die Infektionsgefahr durch Innenparasiten im Vergleich zu anderen Weidesystemen wesentlich höher.

Bei der **Portionsweide** wird mit einem beweglichen Zaunsystem nur die Menge an Futter zugeteilt, die die Tiere an einem Tag oder zu einer Mahlzeit fressen können. Es ist eine intensive Nutzungsform, verbunden mit relativ viel Arbeitsaufwand.

Bei der **Umtriebsweide** sind für eine Herde mehrere Koppeln vorgesehen, auf denen sie nacheinander weiden kann.

Kurze Weidezeiten und lange Erholungsphasen sind für Tiere und Boden vorteilhaft. Die Grasflächen können sich regenerieren und der Parasitendruck wird minimiert.

Bei den **Mähweiden** wird zwischen Mäh- und Weidenutzung gewechselt; aus ökologischer Sicht eine relativ gute Art der Bewirtschaftung landwirtschaftlicher Flächen. Die Artenvielfalt von Pflanzen und Insekten wird bei dieser Nutzungsform besonders günstig beeinflusst.

Der freie Weidegang ist vor allem auf den Almen und in den Bergregionen vieler Länder immer noch üblich. Hier denke ich vor allem an die Bergregionen angelsächsischer Länder. Bei vielen unserer Hütehunderassen haben sich die Zuchtziele wegen der speziellen Anforderungen dieser Regionen im Lauf der Jahrzehnte verändert. Weitläufigkeit und Geländeeigenheiten dieser Gebiete verlangen besonders fähige Hütehunde mit ganz speziellen Qualitäten. Führigkeit, Ausdauer und nicht zuletzt außerordentliche Denker-Qualitäten sind genetische Voraussetzungen. Die Bewirtschaftung vieler dieser Gebiete wäre ohne die Hilfe der Hütehunde nicht möglich.

Das Kräftemessen zwischen Hund und Rind ist eine ständige Herausforderung.

Ein Fachgespräch mit drei Beteiligten.

Auf die Almen werden Weidetiere in der Regel von mehreren verschiedenen Besitzern aufgetrieben. Die Beweidung beginnt meist auf der niedriger gelegenen Voralm, je nach Witterung von Mai bis Mitte oder Ende Juni. Dann geht es auf die Hochalm, bis ab September die Tiere mit dem Almabtrieb wieder zurück in ihre Stallungen gebracht werden. Wenn ich an die Almbauern denke, fällt mir eine Begebenheit ein, die ich hier kurz erzählen möchte.

Zu einer Einladung aus den Tiroler Bergen, ein Hüteseminar zu geben, konnte ich nicht Nein sagen. Obwohl es auf unserem Hof wegen der anstehenden Silage-Ernte genug Arbeit gab, war mir das Almerlebnis diesen besonderen Aufwand wert. Der Gastgeber hatte einen Hund aus unserer Zucht. Außerdem meinte er, dass es in seiner Gegend zahlreiche Hundeführer gäbe, die an einer Hüteausbildung sehr interessiert seien und sie auch dringend brauchen könnten. Meine erste Frage, als ich ankam, war (unhöflich und direkt, wie wir Deutsche nun einmal sind): „Was macht der Hund?“ Die Antwort, fast anklagend: „Ich habe diesmal bei der Almarbeit kein Körpergewicht verloren!“ Das klang nach einem erfolgreichen Einsatz unseres Hütehundes!

Teilnehmer eines Hütewettbewerbs mit ihren Hunden.

Eine Landschaft, bei der HH unentbehrliche Helfer sind.

Atem und reif für die erste Pause. Ein praktisches Beispiel für den konkreten Nutzen unserer Hütegebrauchshunde als unentbehrliche Helfer.

Die **Stallhaltung** hat seit der Domestikation unserer Nutztiere eine lange Tradition. Erste Behausungen für die Tiere haben wohl vorrangig dem Schutz vor Beutegreifern gedient. Inzwischen steht die Arbeitserleichterung für den Menschen – und natürlich auch wirtschaftliche Erwägungen – im Vordergrund. Zu diesen Überlegungen gehört auch der Einsatz von Hütehunden im Stallbereich, worauf ich in den weiteren Ausführungen noch näher eingehen werde.

Die Erklärung dafür konnte ich bereits am ersten Arbeitstag erleben: Die Kühe wurden zum abendlichen Melken und der damit verbundenen Kraftfuttergabe mit einem auf der Alm üblichen Ruf in den Stall gelockt, der sich am Fuße der Weidefläche befand. Alle kamen – bis auf Rosi und Alma. Diese beiden fanden den Platz ganz oben zwischen den Bäumen besser als unten in den halbdunklen Stall zu gehen, angebunden und gemolken zu werden. Nun schickte der Tiroler den Hund – und die Kühe waren in bemerkenswerter Geschwindigkeit im Stall.

Die Arbeitserleichterung, die der Hund mit seinem kurzen Einsatz für den Senner bedeutete, konnten wir erst am nächsten Morgen begreifen. Wir mussten just diesen Hang zu unserem Trainingsgelände hochsteigen. Obwohl es von unten nicht besonders beschwerlich aussah, waren die meisten Flachland-Teilnehmer nach dem Aufstieg völlig außer

Stallgebäude werden entsprechend den Anforderungen der Tiere, der Arbeitsabläufe und der betrieblichen Logik konzipiert. Bei Schafen, Rindern und anderen Nutztieren, die teilweise ebenso mit der Weidehaltung in Verbindung gebracht werden, unterscheidet man zwischen ganzjähriger Stallhaltung oder Winteraufstallung. So werden in unseren Breiten die Milchkühe vorwiegend im Stall gehalten. Auch beim Mastvieh ist, besonders aus wirtschaftlichen Gründen, eine ganzjährige Stallhaltung weitverbreitet. Wer die meisten seiner Tiere aber ganzjährig im Freien hält, wie es in unserem Betrieb der Fall ist, kennt auch die unangenehmen Seiten dieser Betriebsform. Die Tiere müssen ja auch im Winter täglich gefüttert und betreut werden. Bei jedem Schmuddelwetter – ob kalt, regnerisch oder gar stürmisch – muss der Mensch hinaus. Die Tiere kommen in der Regel gut mit jeder Wetterlage zurecht. Ihre Genetik ist auf das Freilandleben abgestimmt.

Die aufrechte Körperhaltung des Hunde sorgt für Irritation der Leitkuh.

Ich wurde gleich am Anfang unserer Schafhaltung ins kalte Wasser – oder besser: in den kalten Wind – geworfen. Auf Drängen der Familie musste ich bei 25 Minusgraden eine Schutzhütte für unsere Freilandschafe bauen. Von unseren Schäfern wusste ich, dass Kälte kein Problem für die Tiere darstellt. Die damaligen Schäfer hatten schlicht keine Ställe. Ich fügte mich dem Willen der Familie und errichtete einen gut isolierten Stall im geschützten Talbereich der Weide. Was war das Ergebnis? Die Schafe lagen jeden Morgen weiterhin, meist eingeschneit, auf der höchsten Stelle der Weide. Den Stall haben sie nur im Sommer genutzt. Da war es aber nicht der Schatten, den sie gesucht haben, sondern der Schutz vor der Mückenplage, die im Stall aufgrund des Ammoniakgeruchs weniger belastend ist.

Was hat nun aber die Stallhaltung mit Hütehunden zu tun? Tatsächlich eine Menge! So kann zum Beispiel im Rinderstall der Einsatz geeigneter Hunde das Gefahrenpotenzial für den Menschen beträchtlich verringern. Aktive Unterstützung beim Umtreiben, wenn Kühe in den Melkstand getrieben oder einzelne Tiere abgesondert werden sind Aufgaben, die Hunde gefahrloser als Menschen verrichten können. Arbeitsersparnis und Verringerung des Gefahrenpotenzials für den Menschen sind also die großen Vorteile, die die Arbeit unserer Hunde hier bedeutet. Auch hierzu möchte ich eine Begebenheit wiedergeben, welche auch beim Jägerlatein – in unserem Fall „Hütehundelatein" – angesiedelt werden kann.

Die Arbeit im Milchviehstall erfordert Hunde mit gutem Durchsetzungsvermögen.

Die Kuh hat sich an die Treibaktivitäten des Hundes gewöhnt.

Bei der Betriebsfeier eines befreundeten Landwirtes, der 100 Milchkühe und 200 Mutterschafe betreut, waren zahlreiche Gäste anwesend, darunter auch ich. Wie üblich in diesen Kreisen, wird früher oder später ausführlich über die Tiere gesprochen. Die Hütehunde, die uns aus ihren Behausungen zuschauten, waren natürlich bald das vorherrschende Thema. Die Gäste erzählen Hundegeschichten und der Bauer natürlich auch – von all den Leistungen, die seine Hunde für ihn erbringen. Er muss seine Kühe zweimal täglich melken, wofür sie im Stallbereich in einen Melkstand getrieben werden. Eine Tätigkeit, die eine Person normalerweise lange Zeit beschäftigt. Seit er aber seine Border Collies besser ausgebildet hat, übernimmt diese Arbeit sein Hund Rex. Rex kann zählen – so die Behauptung des Gastgebers – und bringt für jeden Melkdurchgang genau acht Kühe, die auf einmal im Melkstand benötigt werden. Raunen und ungläubiges Kopfschütteln bei manchen der Zuhörer.

Jetzt wieder der Gastgeber, der noch eine Geschichte draufsetzt: Er besitzt einen weiteren besonderen Hund, der sogar Zahlen lesen könne. Seine Augen glänzen, als er erzählt: „Borders sind extrem intelligent, wie ihr wisst. Dass unser Cap lesen kann, kann ich euch gerne zeigen!" Wieder bei einigen (und wirklich nur bei einigen, muss hier bemerkt werden) dieses Kopfschütteln oder ungläubige Grinsen. Um seine Behauptung zu beweisen, ruft der Seniorbauer Cap zu sich und schickt ihn mit den Worten: „Cap, hol die 345!" auf den Weg. Der Hund läuft los und verschwindet hinter dem Stall auf die Weide, auf der – von der Partygesellschaft nicht einsehbar – die Kühe tagsüber grasen. Die Gäste warten gespannt. Einige Minuten verstreichen, bevor der Bauer spricht: „Jetzt müsste er sie haben! Lasst uns hinter den Stall gehen und für Elsa das Tor öffnen!" Die Zweifler trauen ihren Augen nicht: Tatsächlich steht am Tor die gewünschte Kuh – die 345 unübersehbar am Hals – und Cap dicht an ihren Hinterbeinen. Unglaublich, aber wahr!

Für alle Nichtmilchbauern: Sämtliche Kühe haben ein Halsband, das für die computergesteuerte Kraftfuttergabe benötigt wird. Außerdem auch eine gut sichtbare Nummer für die schnelle Erkennung durch den Menschen. Eine Nummer also, die auch von einem Hund gesehen werden kann. Trotz der inzwischen reichlich geflossenen Getränke war die Wirkung dieser Demonstration auf die vormals zweifelnden Partygäste deutlich sichtbar: fassungsloses Staunen.

Die Erklärung für die überragende Intelligenz des Hundes (die der Gastgeber in dieser Runde natürlich nicht preisgab)

Mensch und Hund sind ein eingespieltes Team und ermöglichen dadurch ein stressfreies Einwirken auf die Milchkühe.

ist recht einfach: Die Kuh Elsa, Nr. 345, steht kurz vor Stalleintrieb immer am Tor. Der Milchdruck und die Erwartung einer reichlichen Kraftfuttergabe ist ihre Motivation. Cap ist der älteste Hund auf dem Hof. Alle Kühe einzusammeln ist ihm in seinem Alter nicht mehr möglich. Er freut sich aber, wenn auch er einmal kurz arbeiten darf. Also nimmt er die erstbeste Kuh, die in unmittelbarer Nähe steht – und hat damit ein Glückserlebnis, das er auch in seinem Alter noch gut gebrauchen kann.

Zusammenfassende Überlegungen zu den Betriebsformen

Die bisher in diesem Buch beschriebenen Tierhaltungssysteme können zusammenfassend unter dem Begriff „bäuerliche Landwirtschaft" eingeordnet werden. Bäuerliches Leben bedeutet Verbundenheit mit Hof und Natur sowie Verantwortung für Tiere, Boden und Pflanzen.

Ziel bäuerlichen Wirtschaftens ist natürlich auch ein möglichst gutes Einkommen, aber stets vor dem Hintergrund der Einbindung der Familie und des Hoferhalts.

Im Gegensatz dazu gibt es inzwischen vermehrt eine agrarindustrielle Ausrichtung, die sich mehr an kurzfristiger Maximalrendite von Kapital und Ressourcen orientiert. Bäuerliche Landwirtschaft ist in den meisten Kulturen der Welt und natürlich auch bei uns eng auf die Bewirtschaftung im Familienbetrieb abgestimmt. Unser eigener Hof bildet da keine Ausnahme. Ob Mensch oder Tier – jeder, der zum Hof gehört, muss seinen Beitrag für den Betriebserhalt leisten. Taschengeld gibt es bei uns nur, wenn dafür auch eine entsprechende Leistung erbracht wird. Selbst bei den Tieren könnte man manchmal das Gefühl haben, dass sie diesen Zusammenhang kennen. Wenn sie gefüttert oder gepflegt werden, bedanken sie sich mit einer Ausstrahlung von Zufriedenheit. Ist das Futter wegen Trockenheit einmal nicht so schmackhaft, so sind sie auch mit einem vermehrten Strohanteil in der Ration zufrieden. Sie kennen unsere Felder und nehmen beim Umtreiben meist selbständig die richtige Abzweigung. Auch unsere Hunde sind Teil des Betriebes. Mehr noch: Sie sind geschätzte Mitarbeiter – und ich glaube, das wissen sie auch. In der Regel sind sie geradezu hungrig, auch ihren Beitrag leisten zu dürfen.

Nach getaner Arbeit braucht es keine großen Lobesaktionen. Sie wissen auch so, dass sie unentbehrliche Helfer sind.

In diesem Zusammenhang muss man auch an die jahrhundertelange globale Beweidung von Wiesen und Feldern denken, die ohne die Hilfe unserer Hunde so nicht möglich gewesen wäre. Erst dadurch hat sich die heutige Landschafts- und Artenvielfalt entwickelt, die uns hoffentlich auch weiterhin erhalten bleibt. Die Vorfahren unserer Nutztiere haben in ihrer Wildform Steppen, Savannen und Urwälder bevölkert. Sie benötigen auch in der heutigen domestizierten Form möglichst viel Bewegungsfreiheit.

Für einen Großteil unserer Nutztiere ist der Weidegang deshalb die optimale Haltungsform. Hier haben sie alles, was sie für ein artgerechtes Leben brauchen: Artgenossen, Auslauf, frische Luft und Beschäftigung. Der Aufgabenbereich unserer Hütehunde, der sich aus der Weidehaltung ergibt, kann somit auch als besonders artgerechte Lebensaufgabe bezeichnet werden. Die Weidewirtschaft ist weltweit betrachtet übrigens die am weitesten verbreitete Form der extensiven Fleischerzeugung.

Bei dem Versuch, die Frage zu beantworten, ob man die Arbeit in der Landwirtschaft als „Traumberuf“ bezeichnen kann, sind trotz teilweise mangelnder Akzeptanz vonseiten der Bevölkerung und relativ geringer Bezahlung der Arbeitsleistung die positiven Seiten entscheidend. Natürlich gehört eine Menge Idealismus dazu, sich derart umfangreich mit Tieren zu umgeben. Ich würde aber sogar behaupten, es ist kein großer Unterschied, ob man als Landwirt Nutzvieh aus Erwerbsgründen hält oder als Hundeliebhaber die Gesellschaft seiner Hunde sucht – die Zuneigung zu den Tieren ist in beiden Fällen Grundlage und Antrieb.

Was uns Landwirte, die eine naturnahe Haltungsform für die Tiere anstreben, besonders irritiert, sind die Sorgen vieler unserer Mitbürger bezüglich der Freilandhaltung von Tieren. Meistens sind es Beschwerden, die sich um Themen

Treibarbeit verlangt einen HH, der bestens ausgebildet ist.

Pferde sind Fluchttiere und verlangen ein behutsames Agieren des Hundes.

wie fehlenden Schatten im Sommer oder Frieren im Winter drehen. Die Tatsache, dass die Mehrheit unserer Mitbürger inzwischen keinen Bezug mehr zur Urproduktion hat, also der Gewinnung von Produkten aus der Natur, ist wohl der Grund für diese Sorgen. In gewisser Weise also ein Realitätsverlust – zum Teil ohne jeden Sachverstand und ohne eigene Erfahrung, was die Landwirtschaft betrifft. Wissen sollte man zu diesem Thema außerdem, dass es für die meisten Lebewesen wichtig ist, sich Klimabelastungen auszusetzen, um fit zu bleiben.

Nicht selten kommt es hier zu Anrufen bei den zuständigen Behörden oder sogar zu polizeilichen Ermittlungen. Gegen einige Schäfer gab es sogar Anzeigen einer der bekanntesten Tierschutzorganisationen mit der Behauptung, dass das Scheren von Schafen Tierquälerei sei. Resultate derartiger Aktionen sind dann unsinnige Maßnahmen wie die schnelle Errichtung eines Schattendachs, womit die Behörden ihr Reaktionsvermögen gegenüber der Öffentlichkeit demonstrieren. Wenn man weiß, dass beispielsweise minus 20 Grad bei den Schafen noch im Wohlfühlbereich liegt, Regen durch die Fettschicht im Haarkleid nicht bis zur Haut vordringt oder das Aufsuchen von Schutzhütten vor allem der Abwehr von Fliegen dient, dann könnte man diese vermeintlichen Probleme auch anders lösen. Sicher: wenn Tiere nicht permanent draußen gehalten werden, sieht das anders aus. Pferde, die keine Möglichkeit haben, ihr Winterfell zu entwickeln, müssen im Winter eben abgedeckt werden, wenn sie draußen sind. Wenn dein Hund ein Wohnungshund ist und aus hygienischen Gründen häufig gewaschen wird, dann wird er mit dem Wetter weniger gut zurechtkommen als die Naturburschen, also die Gebrauchshunde. Man könnte ein ganzes Buch mit Pro- und Kontra-Argumenten füllen. Fazit für uns Tierhalter ist in jedem Fall, dass unbegründete Beschwerden am Ende nur den Tieren schaden. Zahlreiche Betriebe haben aus diesen Gründen die naturnahe Wirtschaftsform eingestellt. Der zur ohnehin hohen Arbeitsbelastung hinzukommende Ärger ist oftmals Auslöser dafür, dass Tiere wieder vermehrt in Ställen gehalten oder landwirtschaftliche Betriebe ganz aufgegeben werden. In diesem Zusammenhang sollte man auch wissen, dass die Nutztierhaltung in Deutschland stark rückläufig ist. So hat sich beispielsweise die Zahl der Rinder in Bayern seit den 80er Jahren um über 40 % reduziert. Da stellt sich dann – gerade im Bezug auf die Tierhaltung – die Frage, wie lange wir noch genügend heimisch erzeugte Lebensmittel für die Ernährung unserer eigenen Bevölkerung haben werden.

Viele der hartnäckigen Verfechter von Tierschutzanliegen vergessen oft, dass auch die vermenschlichte Form der Tierhaltung nicht uneingeschränkt gutgeheißen werden kann. Ist es artgerecht, dass Haustiere die meiste Zeit ihres Lebens in Wohnungen verbringen? Egal ob Hamster, Ziervögel, Katzen oder Hunde – wie sieht es mit ihrem Wohlbefinden aus? Wie auch immer man das bewerten will – fest steht, dass die meisten unserer domestizierten Tiere relativ stark anpassungsfähig sind. Beim Hund wird das wichtigste Kriterium wohl das Rudelempfinden sein. Ihm muss die Möglichkeit gegeben werden, in einem Rudel zu leben, in dem er sich der Rangordnung und seiner Position darin sicher ist. Der fachkundige Mensch wird von den meisten Hunde als Artgenosse angesehen. Dass ausschließliche oder vorwiegende Wohnungshaltung zwar möglich, der Gesundheit der Tiere aber nicht immer zuträglich ist, sollte nicht vergessen werden.

In diesem Zusammenhang möchte ich den Begriff „Mindset" ins Spiel bringen. Mindset beschreibt die Denkweise und innere Haltung von Menschen. Ich denke, wir sollten unser Mindset überdenken und uns wieder mehr der Wertschöpfung unserer Urproduktion bewusstwerden – kurz gesagt, an einem positiven Mindset für unsere Landwirtschaft arbeiten. Anders formuliert: Versuchen, das Gute zu sehen, auch wenn es scheint, als wäre alles schlecht.

Um die positiven Seiten, die der Umgang mit Tieren mit sich bringt, noch einmal zu betonen: Wer kennt nicht das Glückserlebnis, das sich einstellt, wenn man seine Tiere beim Fressen beobachtet. Das beruhigende Geräusch, wenn unsere Wiederkäuer das Gras abweiden. Wenn sie durch unser Zutun zu stattlichen Geschöpfen heranwachsen, wenn dein Hund dich mit seiner Dankbarkeit überhäuft. Da sprudeln die Glückshormone!

Die Aufzucht der Welpen ist bei unseren Hunden in vielerlei Hinsicht ähnlich wie die ihrer wölfischen Vorfahren.

Fachbegriffe und deren Zuordnung

Ein kleiner Ausflug in die landwirtschaftlichen Betriebsformen sollte, wie ich denke, für den weiteren Verlauf dieses Buches aus Gründen der Verständlichkeit angebracht sein. Wenn wir uns jetzt mit einer Reihe von Fachbegriffen und Abkürzungen befassen, dann auch hier, um die Materie „Einsatzgebiete der Hütehunde" weiter verständlich zu machen.

Umgangssprachlich denken wir bei dem Begriff Hütehund (HH) in der Regel an Hunde, die den Menschen bei der Arbeit am Vieh helfen.

Zur Vereinfachung werde ich auch weiterhin „Hütehunde" als Sammelbegriff verwenden. Das althochdeutsche Wort **„huoten"** wird mit Bewahren, Beschützen, Achthaben, Beaufsichtigen, Bewachen, Beobachten oder Schützen vor drohender Schädigung belegt – inhaltlich also all das, was wir mit unseren Hütehunden in Verbindung bringen. Auch unter dem Ausdruck „die Hut" wird die Beaufsichtigung von Tieren im Freien verstanden.

Eine weitere Möglichkeit ist es, **„Hirtenhund"** als Oberbegriff zu verwenden. Mein Kürzel **HH** würde hier ebenfalls passen und kann gerne für Hirtenhunde verwendet und verstanden werden. Wenn man an die Anfänge der Entwicklung hin zum Hütehund denkt, dann waren es eben die Viehhirten, welche die Gebrauchseigenschaften unserer heutigen Hunde züchterisch in die Wege geleitet haben. Also waren die Vorfahren unserer jetzigen Hütespezialisten vor langer Zeit alle einmal Hirtenhunde.

Auch die Bezeichnung **Herdenhund** ist teilweise gebräuchlich. Sie gründet auf der Annahme, dass diese Gebrauchshunde zur Arbeit an Herden verwendet werden. Das Kürzel **HH** passt auch hier. Wenn ich allerdings eine einzelne Kuh von meinem Hund durch den Hof treiben lasse, würde ich nicht an Herden denken. Außerdem gibt es auch noch Rotten und Rudel, an denen man mit Hunden arbeiten kann. Der englische Begriff „herding dogs" würde gut dazu passen. Wenn man aber nach Großbritannien kommt und einen Hund kaufen möchte, fragt man besser nach einem „sheep- or cowdog".

Ein Hütehund, der seine Wolfsabstammung nicht verheimlichen kann.

Auch dieser HH könnte leicht mit einem Wolf verwechselt werden.

Bei „herding dog" könnte der Farmer unsicher sein, was genau gemeint ist.

Mein Favorit ist der etwas technisch anmutende Begriff **Nutzviehgebrauchshund (NGH)**. Wie fast überall, führen auch hier viele Wege nach Rom. Mein umgangssprachlicher Sammelbegriff ist und bleibt aber „Hütehund".

Herdenschutzhunde können alleine durch ihre Körpermerkmale sehr beeindruckend sein.

In der gängigen Literatur wird zwischen Hüte-, Treib- und Schutzhunden unterschieden.

Da ich den Eindruck habe, dass diese Unterscheidung auch von vielen Autoren nicht korrekt verstanden wird, möchte ich einige Erläuterungen dazu geben.

Irritierenderweise ist es so, dass es eine punktgenaue Unterscheidung im allgemeinen Sprachgebrauch gar nicht gibt. Dazu ein Beispiel: Eine gute Bekannte hat an einem Hütehundeseminar in Italien teilgenommen. Der dortige Trainer war erfolgreicher Absolvent internationaler Hütewettbewerbe. Am Ende des ersten Trainingstages, kurz vor Einbruch der Dunkelheit, beobachteten die Teilnehmer des Seminars, wie mehrere Pferde von der Weide in den Stall getrieben wurden. Der Hirte fuhr mit dem Auto voraus, während dahinter ein Maremmano Abruzzese (bei uns als Herdenschutzhund bekannt) die Pferde trieb, seitlich an der Herde arbeitend. Die Anmerkung des Ausbilders: Es ist nur eine Frage der Ausbildung bzw. Selektion und Prägung, für welche Arbeiten diese Hunde eingesetzt werden können.

Furchengänger bei der Arbeit an Schwarzkopfschafen.

Dieser letzte Satz ist eine mögliche Erklärung dafür, dass die Unterscheidung zwischen Hüte-, Treib- und Schutzhunden nicht immer einfach ist. Man könnte mithilfe langer Beschreibungen genetischer Einflüsse und diverser Arbeitsanforderungen versuchen, diesen Sachverhalt genauer darzustellen. Auch wenn ich mich hier ein wenig wiederholen muss, versuche ich es einmal in aller Kürze mit **Abb. 4 dieses Buches** (Seite 40). Es gibt einen Zusammenhang zwischen der Intensität der Schutzhunde-Genetik und der Hütebrauchbarkeit. Je mehr Schutzveranlagung, umso weniger Hütesteuerbarkeit. Umgekehrt trifft das ebenfalls zu. Die Mehrheit der **Treibhunde** kann man im mittleren Bereich dieser Grafik ansiedeln. Aber auch hier ist die Angelegenheit nicht unbedingt eindeutig. Sind das Hunde, die zusammentreiben, wegtreiben oder seitlich an der Herde arbeiten? Wir werden dieses Thema noch mehrmals aufgreifen und kommen deshalb nicht umhin, über Spezialisten und Generalisten zu berichten.

In diesem Zusammenhang sollte man für den **Begriff „Hütehund"** wissen, dass es in der Fachsprache eine Bedeutungsanpassung gegeben hat. Unter „Hütehund" verstand man in unseren Breiten ursprünglich die Helfer der Hüteschäfer. Seitdem uns aber die Britischen Hütehunde – und damit auch das britische Hütesystem – erreicht haben, ist eine weitere Variante ins Spiel gekommen. Wir sprechen jetzt von relativ unterschiedlich arbeitenden Hunden – und auch von zwei verschieden gearteten Arbeitsweisen. Unsere traditionellen Schäferhunde begleiten den Hüteschäfer bei seiner Arbeit. Die britische Variante – sowohl die Hunde als auch das Hütesystem – wird stärker in der Koppelhaltung verwendet. Dazu aber mehr, wenn wir die Fachausdrücke klären. Ich bitte um Verständnis, dass sich ein gewisses Maß an Begriffsvielfalt in diesem Buch nicht vermeiden lässt. Wer nicht vom Fach oder nicht sehr detailverliebt ist, liest die nächsten Seiten vielleicht nur quer. Warum nicht?

In früheren Zeiten – vor der Differenzierung der Hütehunderassen – war die Unterscheidung einfach. Mit dem Begriff „Hüte- und Treibhunde" wurden genau diese beiden Arten von Gebrauchshunden beschrieben: Hütehunde nannte man diejenigen, die bei den Hirten ihr Leben verbrachten. Treibhunde waren Hunde, die den Viehhändlern und den Metzgern halfen, das Vieh zum Schlachter oder zu anderen Kunden zu treiben. Die Hütehunde waren also möglicherweise die etwas freundlicheren. Die Viehhändler hatten meist auch größere Geldbeträge bei sich, sodass sie Hunde mit **Bodyguard-Eigenschaften** benötigten. Eine Unterscheidungsweise, die aus meiner Sicht am treffsichersten ist, unterteilt sie in **Bogenläufer, Hetz- und Schutzhunde** (siehe Abb. 4 auf Seite 40).

In diesem Zusammenhang muss ich an eine meiner weniger erfolgreichen Treibaktionen denken. Dreihundert Schafe mussten auf einem Feldweg zur nächsten Koppel getrieben werden. Eine relativ einfache Aufgabe, für die ich unüberlegterweise zwei temperamentvolle Hundelehrlinge ausgewählt hatte, um ihre Fähigkeiten auf den Prüfstand zu stellen: Hope, ein Vollblut-Border, und Kira, eine schwarze Vollblut-Altdeutsche. Beide also keine Schlafmützen, sondern mehr in Richtung Rakete unterwegs. Mein Rat gleich vorneweg: Wenn man mit zwei Hunden arbeitet, niemals zwei Anfänger kombinieren! Auch sollte bei diesem Duo wenigstens einer der beiden ein etwas gemäßigtes Temperament besitzen.

Das Treiben machte anfänglich richtig Spaß. Kira lief auf Anhieb an der Seite – wie ein alter Profi – und Hope vorne, wo er die Schafe durch Hin- und Herpendeln am Überholen hinderte. Hope musste im Nahbereich gehalten werden, da er auf Entfernung mit Sicherheit nicht steuerbar war. Wie das Chaos dann begann, ist mir – wohl aufgrund meiner damaligen selbstzufriedenen Hochstimmung – irgendwie unbemerkt geblieben. Hope muss wohl ein Schaf abgesondert haben. Anmerkung des Fachmanns: Die Jagdsequenz eines Bogenläufers (hier Hope) ist es, zu überholen, abzutrennen und zu töten. Die Jagdsequenz eines Hetzhundes (hier Kira) ist hetzen, ermüden und dann töten. Kira konnte ein Schaf, das sich von der Herde entfernt, aber auf keinen Fall akzeptieren. Also lief sie hinter dem Schaf her, um es zurechtzuweisen. Hope versuchte zur gleichen Zeit, das Schaf zu überholen, um es zurückzubringen. Eine Jagd also, bei dem das Schaf in Todes-

Die Arbeitsleistung hat in der Regel nichts mit der Körpergröße zu tun.

angst flüchtete, Kira dicht hinterdrein und Hope seitlich, um es zu überholen. Irgendwie gelang es mir, die Hunde zum Rückzug zu bewegen. Das Schaf war verschwunden, kehrte aber glücklicherweise selbstständig und unverletzt zwei Tage später wieder zur Herde zurück.

Wenn uns jetzt also bewusst ist, dass aus Gründen der fachlichen Korrektheit die einfache Unterscheidung zwischen Hüte- und Treibhunden nicht mehr zeitgemäß sein kann, dann sollten wir eine andere Lösung suchen. Wir müssten zumindest das Hüten in zwei unterschiedlichen Kategorien erwähnen. Als Folge davon könnten wir dann aber beispielsweise nicht mehr einfach von Britischen oder Französischen Hütehunden sprechen, sondern müssten dann ebenfalls alle möglichen Arbeitsvarianten aufzählen. All das wollen wir aber nicht! Deshalb ist meine Lösung – inspiriert von der Gender-Diskussion – die folgende:

Aus Gründen der Vereinfachung und besseren Lesbarkeit wird auf die sprachliche Verwendung aller möglichen fachlichen Unterscheidungen verzichtet und der umgangssprachliche Sammelbegriff „Hütehunde" weiterhin verwendet.

Fachspezifisch müssen wir aber trotzdem noch weiter differenzieren.

Die meisten in diesem Buch verwendeten Begriffe sind in der Fachsprache relativ gut bekannt. Einige musste ich aus Gründen der Verständlichkeit etwas umgestalten oder neu definieren, damit sie auch zeitgemäß anwendbar sind.

Kopf und Körper sind Zeichen für ein starkes Durchsetzungsvermögen.

Arbeitshunde für die Landwirtschaft werden aufgrund ihrer genetischen Veranlagung für unterschiedliche Aufgabenstellungen benötigt. Es gibt Hunderassen, die nur für ganz spezielle Aufgabengebiete gezüchtet sind. Andere hingegen kommen auch mit unterschiedlichen Anforderungen zurecht. Nur, weil ein Hund Begriffe wie „Hüte-", „Kuh-", „Schäfer-", „Shepherd-" oder „Cattle-" in seiner Rassebezeichnung hat, muss er nicht der Richtige für die ihm zugedachte Aufgabe sein.

Die Eignung der Arbeitshunde hat vor allem etwas mit ihrer **genetischen Disposition** zu tun. So gibt es eben Hunde, die eine starke Veranlagung besitzen, das Vieh – ihre Beute also – **zu umkreisen**. Bei anderen ist der Hetztrieb ausschlaggebend, um am Vieh zu arbeiten. Dann kennen wir, wie schon erwähnt, Hunde, die einen besonders **starken Schutztrieb** besitzen. Nicht zu vergessen ist auch der Geruchssinn, den wir für das Auffinden vermisster Tiere benötigen.

Eine Übersicht der nachfolgend aufgezeigten Hütespezialisten ist außerdem aus **Abb. 5** (siehe Seite 44) in grafischer Darstellung ersichtlich.

Erwähnenswert scheinen mir in diesem Zusammenhang auch Unterscheidungskriterien, die im englischen Sprachgebrauch üblich sind:

Als **herding dogs** werden Hunde bezeichnet, die eine natürliche Veranlagung zum Einsammeln, Zusammenhalten und Umtreiben von Nutzvieh haben. Wenn ein solcher Hund wirklich gut bei seiner Arbeit ist, sollte er ein hohes Maß an Eigeninitiative zeigen und mit möglichst wenig Kommandos gute Arbeit leisten. Man spricht hier teilweise auch von **collecting style dogs**.

Heading Dogs sind Hunde, welche die Leittiere einer Herde unter Kontrolle halten. Sie müssen in der Lage sein, sich ohne zu zögern vor die Leittiere einer Herde zu begeben, um diese anzuhalten oder zumindest den Zug der Tiere zu verlangsamen. Dazu braucht es besonders mutige Hunde, die auch Rinder, wenn nötig, mit einem kurzen Griff in deren Nase von ihrer Dominanz zu überzeugen wissen.

Heelers sind Hunde, deren Spezialität der Fersengriff ist. Egal ob Vorder- oder Hinterbeine, der Griff muss sauber, aber hart genug sein, um insbesondere Rinder zu beeindrucken. Wichtig dabei ist, dass nur im Bedarfsfall gebissen wird, um dann abgeduckt sofort wieder aus dem Gefahrenbereich der Tiere zu gelangen.

Guarding dogs sind spezielle Schutzhunde, die später bei den Herdenschutzhunden näher beschrieben werden.

Die Züchtung unserer heutigen Hunde basiert auf einer Vielzahl unterschiedlicher Talente, die bereits in der Wildform der Kaniden vorhanden sind. So ist es durchaus vorstellbar, dass in einem Wolfsrudel ein Teil der Jäger die auserwählte Beute vor sich hertreibt und weitere Jäger diese im Bogenlauf

Ein Kräftemessen von fast gleichgroßen Kontrahenten ist im Hütegeschehen nichts ungewöhnliches.

Der Fersengriff ist eine Griffvariante, die auch bei Großvieh Eindruck hinterlässt.

umrunden, damit die Jagd erfolgreich abgeschlossen werden kann. Für die Tötung werden ebenfalls verschiedene Techniken eingesetzt, um beispielsweise Großwild zu erlegen. Die Beute wird an verschiedenen Körperteilen attackiert, um sie zu Fall zu bringen. Die genetische Veranlagung zum Keulen- oder Rippengriff hat hier ihren Ursprung.

Die weitere Beschreibung der Einsatzgebiete soll helfen, diese Fachbegriffe noch besser einzuordnen. In meiner ersten Publikation zum Thema, „Wie Hütehunde wirklich ticken" (erschienen 2022), ist ebenfalls einiges zu diesen Begriffen vermerkt. In vorliegendem Buch werden wir diese Begriffe weiter vertiefen, um den Bezug zu den Einsatzmöglichkeiten noch besser verständlich zu machen.

Bestimmte Arbeitstypen eignen sich für die einzelnen Betriebsformen besser als andere. So wird beispielsweise der BoL vorwiegend als Koppelgebrauchshund zu finden sein, während der

Hütespezialisten im Einsatz als: (Abb. 6)
Hüte-Gebrauchshunde (HGH): Hier werden vorwiegend spezielle Furchengänger (FuG) bevorzugt
Koppel-Gebrauchshunde (KGH): Hier werden in erster Linie führige Bogenläufer (BoL) verwendet
Nutzvieh-Treibhunde (NTH): Verwendung für alle Hirtenaufgaben unter Beachtung ihrer Eigenheiten
Herdenschutzhunde (HSH): Zum Abwehren von Beutegreifern/Eindringlingen bei allen Nutztieren
Rinder-Gebrauchshund (RGH): Einsatzmöglichkeiten für fast alle bisher genannten Hütespezialisten
Hof-Familienhunde (HFH): Meist als Familien-, Begleit-, Sport- oder Wachhund benötigt
Geflügel-Gebrauchshund (GGH): Hier kommen vorwiegend führige BoL zum Einsatz

Hüteschäfer dem FuG meist den Vorzug geben wird. Grundsätzlich können aber alle in Abb. 6 aufgeführte Hunde für die meisten Tätigkeiten Verwendung finden. Rasseneigenheiten, Haltungsfragen und Ausbildungsarbeit können dann oftmals für den erfolgreichen Einsatz auf dem einen oder anderen Gebiet von ausschlaggebender Bedeutung sein.

Einen weiteren Fachbegriff, die „Transhumanz", möchte ich unbedingt kurz aufgreifen.

Ein Begriff, den man als Hütehundebesitzer schon aus reiner Wertschätzung unserer Hirtenkultur gegenüber in Erinnerung behalten sollte. Das Wort „Transhumanz" kann man aus den lateinischen Begriffen „trans" (jenseits von) und „humus" (die Erde) ableiten. Übersetzt wird es zu „jenseits der bebauten Erde". Eine entsprechende französische Version ist „transhumer", also „transhumar", was das Wandern bzw. speziell das Wandern von Herden beschreibt. Gemeint ist damit eine alte, extensive bäuerliche Fernweidewirtschaft, bei der das Weidevieh jahreszeitlich bedingt regelmäßig zu entfernten Weiden getrieben wird – eine Weideform, bei der das Vieh (i.d.R. Schafe und Ziegen) den Sommer auf Höhenzügen und den Winter auf schneefreien Niederungen verbringt. Diese Tiere sind also ganzjährig draußen. Teilweise wurden große Herden von unterschiedlichen Viehbesitzern getrieben, wobei Herden von mehreren tausend Tieren keine Seltenheit waren. Transhumanz ist eine der Möglichkeiten, große Herden am Leben zu erhalten, wenn die kleinen Felder für das nötige Winterfutter nicht ausreichen. Sie ist eine uralte Form der Wanderweidewirtschaft, bei der Hirten mit meist festem Wohnsitz mit ihren Tieren von der Sommer- auf die Winterweide und zurück unterwegs sind. Im Unterschied dazu gibt es den **Nomadismus**, bei dem der gesamte Familienverband mit Hab und Gut und den Tieren unterwegs ist. Bei all diesen Wanderungen sind dann neben den führigen Hütehunden auch meist Herdenschutzhunde beteiligt.

Diese traditionelle Hirtentätigkeit ist ein Kulturerbe, das es zu erhalten gilt.

Anfänge einer derartigen Wirtschaftsform – also das Treiben von Weidevieh hin und zurück zu Sommer- und Winterweiden – sind in Süddeutschland aus dem 14. Jahrhundert bekannt. Wegen dieser durchziehenden Vieherden gab es reichlich Konfliktsituationen zwischen Bauern und Hirten. Um die Weidekonflikte einigermaßen unter Kontrolle zu bringen, wurden im Laufe der Zeit Gesetze und Verordnungen von den entsprechenden Landesbehörden als notwendig erachtet.

Große Viehtriebe waren in der Vergangenheit auch durch das Treiben von Schlacht- und Zuchtvieh bekannt. So entwickelte sich Anfang des 19. Jahrhunderts ein reger Markt für Hammel (kastrierte Schafböcke) und Ochsen (kastrierte Bullen) für französische Märkte. Der Markt von Poissy war einer der bekanntesten; dorthin wurden wöchentlich Tausende Rinder und Schafe getrieben. Auch das Treiben aus relativ weit entfernten Regionen wie Ungarn und Spanien nach Frankreich war damals nichts Ungewöhnliches. Der Begriff „Transhumanz" ist hier allerdings nicht angebracht, da es sich dabei nicht um Weidewirtschaft, sondern um Schlachtviehtransporte handelte. Was für alle diese Treibaktionen aber immer benötigt wurde, waren gute und zuverlässige Hunde.

Kuhmarkt um 1898 in Gresten (Österreich).

Auch wenn diese Wanderaktionen inzwischen vielfach als archaischer Brauch des Weidebetriebs angesehen werden, so sind sie in manchen Ländern oder Gegenden immer noch real. Diese Form der Weidewirtschaft gibt es noch in Südeuropa und auch in weiten Teilen des amerikanischen Kontinents. Da aber in Europa die Zahl der Hirten, die noch eine Weidewirtschaft im Sinne von Transhumanz betreiben, beträchtlich abgenommen hat, wurde beispielsweise in Spanien damit begonnen, Gegenmaßnahmen einzuleiten. Wenn zu früheren Zeiten dort mehr als 100.000 km Transhumanzrouten genutzt wurden, so sind es heute noch höchstens knapp 12.000 km, auf denen größere Herden getrieben werden. Die Wiederaufnahme der alten Schutzgesetze für Triftwege in das moderne spanische Recht ist eine der Maßnahmen, die hoffentlich die Transhumanz und deren ökologische Bedeutung wiederbeleben können. **Triftwege** sind Viehwege zur Weide oder zwischen verschiedenen Weidegebieten. Diese traditionelle Hirtenpraxis wurde inzwischen sogar in die Liste des immateriellen Kulturerbes der UNESCO aufgenommen. Länder wie Bogota, Kolumbien, Italien, Griechenland und Österreich werden hier als Kandidaten genannt.

Die Begründung für diese Auszeichnung ist, dass Transhumanz-Hirten weitreichendes Wissen über Umwelt, ökologisches Gleichgewicht zwischen Mensch und Natur, Klimawandel sowie über nachhaltigere und effizientere Zuchtmethoden in Bezug auf ihre Tiere besitzen.

Alter Schäferkarren

Die Weidewirtschaft, bei der das Vieh auf fremden Flächen – gepachtet oder anderweitig vertraglich geregelt – gehütet wird, hat in Deutschland noch immer einen bemerkenswerten Stellenwert. Auch hier müssen Schafe teilweise über fremden Grund oder öffentliche Straßen beachtliche Strecken weit getrieben werden. Welche Hütevoraussetzungen dazu notwendig sind, wird im Laufe dieses Buches noch ausführlich beschrieben.

Von der ersten Erfahrung mit Hüteschäfern aus meiner Kinderzeit möchte ich in diesem Zusammenhang berichten.

Als Kinder war unsere Ferienbeschäftigung das Hüten der verschiedenen auf dem Hof befindlichen Tiere. Für mich hieß das im Alter von 10 Jahren, unsere drei Kühe und eine Kalbin auf eine etwa zwei Kilometer entfernte Weide zu treiben. Der Tag startete um 8 Uhr und endete mit dem Eintreiben um 18 Uhr, damit die Kühe gemolken werden konnten. Das Treiben zum Weidegebiet war für uns Kinder schon eine besondere Herausforderung – hungrige Rinder und halbwüchsige Kinder. Wir mussten einfach lernen, wie man sich bei Tieren trotz der großen Unterschiede in der körperlichen Kraft durchsetzen kann. Eine Erfahrung, die uns für den Rest des Lebens geprägt hat. Dominanzverhalten mit einem Schuss Überlistungsstrategie waren dabei unsere Waffen.

Die Belohnung für die mühselige Treibarbeit war dann das Erreichen der Weidefläche, die von uns als paradiesischer Ort wahrgenommen wurde. Sie war Teil des Truppenübungsplatzes Grafenwöhr. In einer Erweiterungsmaßnahme war ein größerer Gutsbetrieb am Rande des Übungsgeländes verstaatlicht worden. Das war unsere Weide: üppiges Gras für die Tiere und grenzenlose Freiheit für uns. In unseren Spielen übten wir natürlich die Verteidigung unserer Weidegründe, es gab ja auch Viehdiebe, die man natürlich „aufgehängt" hat. Cowboys und Indianer waren unsere Vorbilder.

Eines Tages trat dann aber auch der Ernstfall ein. Als wir morgens mit unseren Kühen ankamen, hatte über Nacht ein Schäfer mit seinen Schafen im angrenzenden Wald Lager genommen. Die Zeit kurz vor der Getreideernte war für die Wanderschäfer besonders kritisch: Die Brachflächen waren abgeweidet und die Getreidefelder noch nicht abgeerntet, um wieder als Pferchflächen zu Verfügung zu stehen. Da bot sich in dieser Notsituation eben der Übungsplatz mit seinem schier unendlichen Grasreichtum als Überlebensmöglichkeit an. Unsere Flächen wurden aber verschont, was wir auf unsere Abschreckungstaktik zurückführten; in Wirklichkeit war es allerdings das Ziel der Hirten, sich bei den Viehbauern der Gegend nicht unbeliebt

Schäferin und Hund sind ein Team, das für den Hütealltag gut gerüstet ist.

zu machen. Sie weideten ihre Schafe also stattdessen im Inneren des Übungsplatzes, was strengstens verboten war. Wenn sie nicht in Pferchnähe waren, haben wir natürlich versucht, die Besitztümer des Feindes zu erkunden. Die Schäfer hatten aber immer einen ihrer Hunde am Schäferkarren angekettet. Diese Hunde waren – aus der Ferne betrachtet – langhaarig, struppig und relativ furchteinflößend, im Beisein der Schäfer aber sehr folgsam und arbeitsfreudig. Als Fremder musste man ab einer gewissen Nähe vorsichtig sein und jederzeit mit einem Angriff rechnen.

Die Schäfer hatten sich in kurzer Zeit bestens eingelebt. Im Wald hatten sie an verschieden Stellen eine Art Baumhäuser konstruiert, da die Herde Tag und Nacht von zumindest einem der zwei Schäfer bewacht wurde. Für sie wäre alles gut gewesen, wenn da nicht die Militärpolizei (MP) gewesen wäre. Das Militär konnte sich ein illegales Eindringen von Schäfern in ihr Hoheitsgebiet natürlich nicht gefallen lassen. So kamen sie fast wöchentlich, um einen der beiden Schäfer zu verhaften. Der Gefangene wurde dann in Handschellen nach Grafenwöhr gebracht, um nach zwei Tagen wieder freigelassen zu werden. Die Strecke von 25 km musste der Straftäter dann zu Fuß zurücklaufen. Mein Großvater, den das üppige Gras auch gelegentlich als willkommene Futterergänzung zu illegalen Mähaktionen verleitete, wurde dabei auch einmal für zwei Tage eingesperrt. Für ihn war das aber das absolute Highlight des Jahres: Exotische Verpflegung, fließend warmes Waschwasser und komisch sprechende Ausländer. Selbst der Fußmarsch nach Hause war ein Erlebnis, da man unterwegs ja auch genügend Bekannte traf, denen man von seinem Abenteuer erzählen konnte. Inzwischen gibt es legale Möglichkeiten für Schäfer, ihre Herden als Landschaftspfleger in den Truppenübungsplätzen nutzbar einzusetzen.

Wir Kinder lernten aus diesen Erlebnissen mit den Schäfern, dass das Leben dieser Halbnomaden keine erstrebenswerte Spielvariante war. Wir blieben bei unserer Cowboy- und Indianerversion mit einer heimischen Übernachtungsmöglichkeit. Angefangen vom Wohn- und Schlafplatz über den kleinen Schäferkarren, die Ernährung, Einsamkeit und Wetterabhängigkeit bis hin zur Arbeitszeit: alles Umstände, die uns nicht begeisterten. Selbst ihre Ernährung war uns ein Rätsel. Sie saßen zwar manchmal um ein kleines Feuer; meist, um ihre Kleidung zu trocknen. In einen Topf darüber köchelte dann etwas, das wahrscheinlich eine Art Getreidesuppe war. Für die Hunde gab es meist nur in Wasser eingeweichten Hafer zu fressen. Ein kulinarischer Höhepunkt für Mensch und Hund muss dann ein Hammel gewesen sein, der sich tags zuvor das Hinterbein gebrochen hatte. Dann waren da auch noch die Ziegen, die mit ihrer Milch das Überleben von Mensch und Hund sicherten. Dieser Lebensstil ist ausgesprochen spartanisch und nicht für jedermann geeignet, so unsere damalige Erkenntnis. Für uns Hütekinder war übrigens die Milch unserer Kühe auch das einzige Getränk, das tagsüber erhältlich war. Wenn wir Durst hatten, war immer eine besonders freundliche Kuh in der Nähe, von der man sich etwas Milch direkt in den Mund melken konnte.

Frauen waren schon immer aktiv in das Hütegeschehen eingebunden. Umso erfreulicher, dass sich inzwischen immer mehr Schäferinnen für diesen Ausbildungsberuf entscheiden.

Hüteschäfer und ihre Hunde

Hüteschäfer und ihre Hütegebrauchshunde (HGH)

Der Schäfer ist ein sehr altes, traditionsbehaftetes Berufsbild. Wenn man über Hütehunde berichtet, dann muss man zuerst an die Menschen denken, die für die Zucht und den Erhalt dieser Hunde verantwortlich sind. Hier sind es vor allem die Hüteschäfer, deren Eignung besondere Qualitäten voraussetzt. Kein alltäglicher Beruf also, der besonders in der Vergangenheit für die Versorgung der Menschen mit Kleidung und Nahrung eine wichtige Bedeutung hatte. Leider hat sich die Zahl der Hirten, die noch Wanderschäferei im Sinne von Transhumanz betreiben, in den letzten Jahren stark reduziert.

Mittlerweile scheint der Versorgungsaspekt weniger wichtig zu sein, ein Umstand, der sich aufgrund wachsender Weltbevölkerung und zunehmender Rohstoffknappheit in naher Zukunft wieder ändern könnte. Heute liegt der Schwerpunkt der Schäferei in der Landschafts- und Naturpflege. Die Anforderungen an den Menschen, der in diesem Beruf überleben will, sind äußerst vielfältig. Abgesehen davon, dass man in der erfolgreichen Schäferei keine Mimosen brauchen kann, sind noch viele andere Qualitäten unabdingbar.

Die Schäferschippe ist ein traditionelles Werkzeug für den Hüteschäfer

Zuerst ist in der heutigen Zeit ein gehöriges Managementtalent gefragt. Behördenkontakte, Wirtschaftlichkeitsüberlegungen und Kommunikationsanforderungen verlangen überdurchschnittliche Fähigkeiten. Neben diesen intellektuellen Anforderungen muss ein Schäfer natürlich auch naturverbunden, körperlich robust und wetterresistent sein und sollte eine stabile mentale Stärke zeigen. Ein langer Arbeitstag mit 24-stündigem Bereitschaftsdienst – und das meist an 365 Tagen im Jahr – sind im Familienverbund keine Seltenheit. Außerdem sollte ein guter Schäfer auch eine gewisse „Tierflüsterer-Eignung" besitzen und, insbesondere bei der Hütearbeit, mit den Tieren eine Einheit bilden. Ihre Verhaltenseigenheiten müssen berücksichtigt werden. Rudel- und Herdengesetze muss der Schäfer genau kennen und entsprechend handeln. Kurzum: ein Berufsbild, das nicht viele unserer vom Wohlstand geprägten Mitmenschen noch auszufüllen imstande sind.

Eine Berufsbild außerdem, dessen Anforderungen zu großen Teilen auf die meisten Besitzer von Tieren in Freiland-

Ein selbstbewusster HH, der bei den Schafen entsprechend beachtet wird.

haltung zutrifft. Um wieviel höher ist dennoch das Ausmaß der Belastungsanforderungen für den Schäfer! Der Schäferberuf ist in Deutschland staatlich anerkannt. Die Ausbildung zum/zur Tierwirt*in, Fachrichtung Schäferei, hat in der Regel eine Ausbildungsdauer von drei Jahren. Zur fachlichen Eignung als Ausbilder gehören neben der Meisterprüfung insbesondere der Nachweis berufs- und arbeitspädagogischer Kenntnisse sowie Fähigkeiten und Fertigkeiten, die zur Vermittlung der Ausbildungsinhalte erforderlich sind. Ein sperriger Satz, der so aber behördlich verwendet wird. Zu den Fertigkeiten, die für diesen Beruf verlangt werden, zählen natürlich auch Kenntnisse der Hundehaltung und der Hütearbeit mit Hunden.

Die Schäfergeneration, wie ich sie mit meinem Kindheitserlebnis geschildert habe, hatte meist ca. 200 bis 300 Schafe pro Schäfer zu betreuen. Inzwischen werden teilweise Herden von bis zu 1.000 Schafen von einem Schäfer gehütet. Der Schäfer, der den ganzen Tag seine Schafe draußen begleitet, muss aber auch heute noch mit den Widrigkeiten des Wetters zurechtkommen. Ob bei Hitze, Kälte, Gewitter, Dauerregen oder Schnee muss er so lange bei den Tieren bleiben, bis sie abends satt sind. Die meisten größeren Schafbetriebe haben inzwischen gute Unterstellmöglichkeiten für ihre Tiere, sodass zumindest das Winterhüten teilweise vermeidbar ist.

In der Hütehaltung geht es in erster Linie um ein harmonisches Zusammenwirken zwischen Mensch, Hund und Herde. Die gekonnte Beeinflussung der Herde über die Leitschafe und der fachgerechte Einsatz der Hunde sind das Markenzeichen eines guten Hüteschäfers. Durch eine ruhige Führung wird für Schafe und Hunde eine besonders artgerechte Lebensweise ermöglicht. Satte Schafe und stressfreies Hüten sind das ultimative Ziel dieser Tätigkeit.

Die Wirtschaftlichkeit des Betriebes ist auch für diesen Berufsstand eine entscheidende Größe.

Die Risiken, mit einem Minuseinkommen umgehen zu müssen, sind inzwischen bei gut geführten Betrieben weniger akut als früher. Die Schafhaltung war damals mit diesem Spruch belegt: **„Schafe, Bienen und Teich machen bald arm, bald reich!"** Diese Aussage war in früheren Zeiten vor allem auch mit dem Seuchengeschehen verknüpft. Ich erinnere mich an einen Schäfer aus unserer Gegend, der in einem Jahr kein einziges Lamm aufziehen konnte. „Seuchenhaftes Verlammen", wie er es damals nannte, war der Grund für diese Misere. Inzwischen hat man die meisten Seuchengeschehnisse besser im Griff. Medikamente, Impfungen und hygienische Maßnahmen sind inzwischen Bestandteil des Herdenmanagements.

Der ökonomische Erfolg in der Schafhaltung war früher, in den „guten alten Zeiten", vom Woll-, Lämmer- und Schafpreis abhängig. Wolle ist inzwischen ein Minusposten. Der Lämmerpreis ist meist ebenfalls nicht kostendeckend. Das betrifft vor allem die Absatzkanäle über den Lebendverkauf der Schlachtlämmer. Eine Direktvermarktung ab Hof, bei der die Fleischerzeugnisse ohne Zwischenhändler an den Endverbraucher verkauft werden, ist zwar für manche Betriebe eine Möglichkeit der Ertragssteigerung, aber mit erheblichem Investitions- und Arbeitsaufwand verbunden und deshalb nicht für jeden Betrieb möglich.

Landschaftspflege durch Schafbeweidung ist inzwischen eine neue Einkommensquelle für den Hüteschäfer.

Einnahmen werden aus Umweltschutzprogrammen oder Pflegeaufträgen öffentlicher oder privater Träger generiert. Dass dabei die Schafhaltung sozusagen zum „Rasenmäher" degradiert wird, ist heutzutage eine Überlebensvoraussetzung für viele Betriebe.

Die Beweidung mit Schafen hilft in der Regel dabei, die Artenvielfalt auf der Fläche bei Pflanzen und Tieren zu steigern. In ihrem Fell und mit dem Kot transportieren die Schafe Samen und Insekten von A nach B und leisten somit einen wichtigen Beitrag zur Biodiversität. Im Fachjargon spricht man auch von „Biotopvernetzung", die unsere Schäfer durch ihre Wanderaktionen bewirken. Viele der heute geschützten Kulturlandschaften sind im Laufe der Jahrhunderte durch die extensive Beweidung ziehender Schafherden entstanden. Ihr Erhalt ist durch die vielerorts fehlende Beweidung stark gefährdet.

Wachholderheide, deren Erhalt durch die Schafbeweidung gesichert wird.

Landschaftspflege durch Schafbeweidung.

Flächen, die landwirtschaftlich nicht genutzt werden, würden ohne Beweidung innerhalb kurzer Zeit mit Bäumen und Sträuchern zuwachsen. Schafbeweidung hilft außerdem, bestimmte, seit Jahrhunderten bestehende Landschaftseigenheiten weiterhin zu erhalten. So gehören zum Beispiel die Wacholderheiden der Schwäbischen und der Fränkischen Alb zu den ältesten durchgehend existierenden Kulturlandschaften der Menschheit. Für viele Tier- und Pflanzenarten sind sie ein Paradies und zugleich eines der artenreichsten Ökosysteme Europas. Wacholderheiden stecken voller Leben. So sind es vor allem die Schafe, die untrennbar mit diesem Landschaftstyp verbunden sind. Ohne die Schäferei wären die Heidelandschaften, wie wir sie heute kennen, undenkbar. Ganzheitlich gesehen ermöglicht die Schafbeweidung einen nachhaltigen und kostengünstigen Erhalt der biologischen Vielfalt unserer Erde.

Bei der Wanderschäferei – insbesondere beim Einstieg in ein Landschaftspflegeprojekt – sind allerdings umfangreiche Vorschriften zu beachten. Beispiele sind die Gesetze zum Viehtrieb, Betretungsrechte in Naturschutzgebieten und im Wald, Kontamination von Flächen durch Viehbehandlung, Viehseuchengesetze, Viehverkehrsordnung, Straßenverkehrsordnung und Eigentumsrechte (Hüten und Pferchen auf Flächen, die sich weder im Eigentum noch in Pacht befinden). Außerdem ist beim Trieb über mehrere Landkreisgrenzen hinweg die Kreisverwaltungsbehörde zu informieren.

Bezüglich der Flächeneigenheiten sind außerdem eine Reihe von Fragestellungen im Einzelnen abzuklären: (Abb. 7)

- Wie sind Qualität, Quantität und Erreichbarkeit der Flächen?
- Wo ist eine Pferchung erlaubt? Sind Zusatzflächen in entsprechender Nähe erforderlich?
- Bestehen Triebwege zwischen den Flächen?
- Kann eine sichere Zäunung zu arbeitswirtschaftlich akzeptablen Bedingungen errichtet werden?
- Wie ist die Futterqualität der Weide?
- Müssen Flächen zunächst gemulcht/entbuscht (Säuberungsschnitt) werden?
- Besteht ein Zugang zu Wasserstellen?

Abschließend zu diesem Thema kann Folgendes zugunsten der Schafbeweidung in Erinnerung gebracht werden: Extensive Beweidung fördert den Artenreichtum im Grünland. Gerade Schafe können dazu beitragen, die Artenvielfalt zu erhalten, zu erhöhen und damit Landschaft und Lebensräume zu pflegen. Schäfer leisten durch die Landschaftspflege einen Beitrag zum Erhalt der Kulturlandschaft und zur Verbesserung der Umwelt. Die Pflegeleistung wird staatlich gefördert, sodass der Schäfer damit sein Haupteinkommen erwirtschaften kann. Eine Dienstleistung also, die auch das Überleben dieser traditionsreichen Berufsgruppe – momentan zumindest – sichern kann.

Furchengänger bei der Hütearbeit

Der Furchengänger (FuG) wird vor allem in der Hüteschäferei benötigt. Er zählt in der Fachsprache, so wie ich sie interpretiere, zu den Hütegebrauchshunden (HGH). In anderen Publikationen wird er auch als „Herdengebrauchshund", ebenfalls mit „HGH" abgekürzt, bezeichnet. Für die Hütearbeit werden Hunde als besonders ausdauernde Marathonläufer benötigt. Ihre Spezialität ist die Fähigkeit, die Herde zu flankieren und vorgegebene Grenzen zu wehren.

Hütegebrauchshunde müssen durch gezielte Positionierung sicherstellen, dass sie trotz ständig wechselnder Gegebenheiten eine sichere Führung der Herde ermöglichen. Eine besondere Spezialität dieser Hunde ist das Patrouillieren entlang vorgegebener Weidegrenzen. Dieses Auf- und Ablaufen wird in der Fachsprache als **„Furche laufen/gehen"** bezeichnet. Damit wird erreicht, dass die Schafe auf der gewünschten Weidefläche bleiben. Sollten doch einmal ein oder mehrere Tiere versuchen diese Grenze zu verlassen, wird der aufmerksame Hund diese nachdrücklich und evtl. sogar mit einem leichten Griff wieder zurücktreiben. Beim Weidewechsel auf schmalen Wegen, zwischen Feldern oder auf der Straße ist es die Aufgabe der Hunde, die Tiere auf den erlaubten Pfaden zu halten. Dabei müssen sie ebenfalls an der Herde seitlich auf- und ablaufen, damit kein Schaden an fremden Feldern entsteht.

Aus dieser Aufgabenstellung leite ich den Fachausdruck „Furchengänger (FuG)" ab. Im Gegensatz dazu spreche ich bei Hunden, die mehr zum Bogenlaufen tendieren, von „Bogenläufern (BoL)". Die Arbeitsweise der Bogenläufer wird bei der Koppelhaltung noch detaillierter beschrieben.

Der Furchengänger (FuG) bei der Arbeit.

Das Treiben hinter den Schafen kann auch für den FuG einmal notwendig sein.

Das Wehren in der Furche und der Wechsel vor der Herde sind entscheidende Elemente der Hütearbeit. Das Wehren entlang der Grenze basiert meiner Meinung nach auf dem Hetztrieb unserer Hunde. Ein wölfisches Erbe, das fast alle Hunde noch besitzen. Der FuG weiß, dass er das Schaf, welches die vorgegebene Grenze überquert, ergreifen darf. Das Schaf sieht den auf sich zukommenden, im Hetzen befindlichen Hund, flieht zurück zur Herde und ist somit in Sicherheit. Warum ist es in Sicherheit? Weil die Furchengänger durch ihre Ausbildung gelernt haben, die Furche nicht zu verlassen. Eine Grenze kann eine gepflügte Furche sein. Auch natürliche Grenzen wie Wege, Acker- und Wiesenraine sind für gut ausgebildete Hunde ein Erkennungsmerkmal, das sie zum Furchenwehren veranlasst. Hier spielt natürlich auch eine langjährige Selektion in der Zucht dieser ganz speziellen Furchengänger eine Rolle. Sie haben teilweise eine natürliche Veranlagung, die Grenze zu den Schafen auf und ab zu laufen. Zeigen sie dieses Verhalten nicht aus sich heraus, muss diese Furchenarbeit eben gezielt antrainiert werden.

Beim **Wehren** wird in der Fachsprache zwischen aktivem und passivem Wehren unterschieden. Dazu sind drei Grundleistungen zu nennen, die ein gut ausgebildeter HH beherrschen muss.

Das passive Wehren aus dem Stand erfolgt in erster Linie durch Anwesenheit des Hundes an einer vom Hirten vorgegebenen Stelle. Die Einwirkung auf die Schafe ist vor allem durch die starke Präsenz gegeben. Bei Bedarf könnte der Hund durch Bellen seine Position noch etwas nachdrücklicher kundtun. Bellen wird aber von den meisten Schäfern nicht geschätzt. Beim Wehren im Stand passt der Hund situationsbedingt seine Körperhaltung an. Je kritischer die Lage, desto dominanter wird er sein Imponierverhalten gestalten. Hier gilt: „Der Gute kann's mit seinem Auftreten, der weniger Gute braucht dazu seine Zähne".

Das passive Wehren in der Bewegung erfolgt durch das Ablaufen der vorgegebenen Grenzen, um zu verhindern, dass einzelne oder auch mehrere Tiere diese übertreten. Ein guter Hütehund weiß dabei relativ selbständig, an welcher Stelle er besonders aktiv sein muss. Das betrifft auch die Geschwindigkeit, mit der er in der Furche arbeitet.

Das aktive Wehren ist mit einem gezielten Griff aus der Bewegung oder notfalls auch aus dem Stand verbunden. Auch wenn der Griff nur sporadisch nötig sein wird, so hat er doch eine unverzichtbare erzieherische Funktion. Ein Hund, der seine Zähne nicht zum Einsatz bringen kann, wird von den Schafen schnell durchschaut. Allein die Masse der zu hütenden Tiere würden ihn mehr oder weniger hilflos gegenüber stark drängenden Schafen machen. Ein guter Hund wird diese Maßregelung aber differenziert und behutsam einsetzen.

Furchehalten und Wehren (Abb. 8):
Das Ablaufen und das Wehren in der Furche, angepasst an die jeweilige Hütesituation, sind grundsätzliche Voraussetzungen, die ein Hütegebrauchshund (HGH) beherrschen muss. Unter Furchegehen wird das Ablaufen von Grenzen verstanden um zu verhindern, dass alle oder einzelne Tiere sie überschreiten.

Außer dem Wehren für die Hütearbeit gibt es auch ein **Wehren von Gefahren, die außerhalb der Herde entstehen** können. So registrieren Hunde, die einen starken Schutztrieb in ihren Genen verankert haben, auch solche Vorkommnisse, die nicht direkt mit der Hütearbeit zu tun haben. Für diese Hunde sind Schäfer und Nutzvieh eine Einheit, die es zu bewachen und gegebenenfalls zu verteidigen gilt. Ich glaube, dass es dabei letztlich um das angeborene Revierverteidigen geht. Wenn man als Spaziergänger in Begleitung seines Hundes in die Nähe einer gehüteten Schafherde kommt, sollte man diese Tatsache im Hinterkopf haben. Besser ist es dann, den Schäfer vor dem Näherkommen zu fragen, ob sein Hund damit einverstanden ist. Aktive Hütehunde sind in der Regel in einer hervorragenden körperlichen Verfassung; ein Haushund würde bei einer Auseinandersetzung höchstwahrscheinlich den Kürzeren ziehen. Hier ist Vorsicht geboten!

In diesem Zusammenhang möchte ich von einem unserer Border Collies berichten, der bei einem gut bekannten Schafzuchtkollegen im Einsatz war. Ein Hund, der die genannte Wehrhaftigkeit Fremden gegenüber nicht besessen hat, wie ich vorweg verraten möchte.

In Süddeutschland war unsere Familie im Jahr 1979 wohl eine der ersten aktiven Border Collie-Züchter. Die Fähigkeiten dieser Hunde hatten sich schnell herumgesprochen. Bei den Hüteschäfern war man eher skeptisch. Das Bogenlaufen wurde bei ihnen als absolute Schwäche angesehen. Ein guter Herdenhund geht eben schnurgerade auf die Schafe zu. Ein „Ausweichler", der sich aus der Furche drängen lässt und fast keinerlei Griff zeigt, war nichts für richtige Schäfer. Border Collies wären eben „Frauenhunde". Einige der weniger konservativen Schäfer erkannten aber auch die Vorteile dieser Hunde. So gab es dann innerhalb kurzer Zeit einige unserer Border Collies bei größeren Schäfereien. Eine schnelle, dreifarbige Kurzhaarhündin namens June wurde von einem erfolgreichen bayerischen Merino-Zuchtbetrieb übernommen. Ich war natürlich sehr gespannt, wie sie unter Hüteschäferbedingungen zurechtkommen würde. Immer, wenn ich ihren Besitzer auf den Schafbockmärkten traf, erkundigte ich mich danach, wie sie mit seinen Anforderungen zurechtkam. Die Antwort – kurz und bündig, wie bei Schäfern üblich – war gleichbleibend positiv: Gar nicht so schlecht, sie läuft gerade in der Furche und ist der besondere Liebling unserer Kinder.

In einem Telefonat, bei dem es eigentlich um Schafzuchtangelegenheiten ging, kam dann das Gespräch wieder auf June. Der Schäfer berichtete: „Heuer dachten wir einmal, dass sie für uns verloren wäre. Meine Mutter war mit ihr beim Hüten in der Landschaftspflege. Ein Gebiet rund um eine alte Burg, das relativ unübersichtlich und großteils mit Gebüsch bewachsen war. Meine Mutter bevorzugte June für diese Aufgabe. Ihre Führigkeit und ihr freundliches Wesen waren dabei ausschlaggebend. Auch wenn sie in diesem unübersichtlichen Gelände vielfach nicht zu sehen war, so konnte man doch immer sicher sein, dass sie bei den Schafen keinen Schaden anrichten würde. Plötzlich war sie aber wie vom Erdboden verschluckt. Die Schafe mussten mit Hilfe eines anderen Hundes in den Nachtpferch getrieben werden. Die ganze Familie hat dann die halbe Nacht das Hütegelände und auch die nähere Umgebung abgesucht, aber ohne Erfolg. Die Mutter war natürlich untröstlich: Wie hatte ihr das nur passieren können?! In der Früh dann der Anruf beim nächsten Tierheim: Ja, am vorherigen Abend war ein mittelgroßer Mischling abgegeben worden! (Dreifarbige Kurzhaar-Borders wurden damals meist als Mischlinge angesehen.) Wir sind natürlich sofort zum Tierheim gefahren und fanden unsere June. Nur wollten sie uns den Hund nicht geben! Ihr Argument: Da könnte ja jeder kommen – sie bräuchten schon einen Nachweis, dass es unser Hund ist. Wir waren schon auf dem Weg zum Auto, um die Zuchtpapiere zu holen, als ich gewohnheitsmäßig ihren Hierpfiff gegeben habe. June hat wie immer sofort reagiert, sprang über die nächste Einzäunung und in unser Auto. Das reichte dann als Erkennungsnachweis und wir konnten sie mitnehmen. So ein Glück!"

Aber warum war June bei der Arbeit verschwunden und wie kam sie ins Tierheim? Eine Familie hatte sie bei der Burgbesichtigung gesehen und dachte, es handele sich um einen verwaisten Hund. Und dann wurde Junes Menschenfreundlichkeit ihr zum Verhängnis: Die Leute riefen sie, sie kam und man hat sie, tierfreundlich wie man eben so ist, ins Auto geladen und ins Tierheim gebracht.

Diese Zutraulichkeit wäre für so manchen Schäfer eine nicht tolerierbare Schwäche. Ein guter Hütehund verlässt die Arbeit nicht, wenn es ihm nicht ausdrücklich erlaubt oder befohlen wird. Mein Züchterkollege hat dies aber den vielen Spieleinheiten – seinen und denen der Dorfkinder – angelastet. Es war für ihn verzeihlich, denn trotzdem war June für seine Familie und für die Arbeit ein hervorragender Hund. Dieser Schäfer bevorzugt übrigens grundsätzlich Hunde, die zuverlässig menschenfreundlich auch gegenüber Fremden sind. Er muss meist in Gebieten hüten, in denen viele Spaziergänger unterwegs sind. Da ist es besser, wenn bei diesen Begegnungen keine Probleme zu erwarten sind.

Umtreiben der Schafherde

Wenn der Hirte seine Herde auf eine andere Weide bringt oder wenn er ein- und austreibt, sind seine Hunde unentbehrliche Helfer. Ein Schäfer hat in der Regel einen bestimmten Lockruf, den seine Schafe kennen. Sie wissen, dass es wieder neues und gutes Futter für sie geben wird, wenn sie hinter dem Schäfer herlaufen. Bei der ziehenden Herde geht der Schäfer direkt vor der Herde, dicht gefolgt von seinen Leitschafen. Der Hund arbeitet seitlich an der Herde. Wenn er die Seiten wechseln muss, dann immer vor dem Schäfer und niemals zwischen Mensch und Schaf. Der dazugehörige Grundsatz ist: „Beleidige niemals deine Leitschafe!" Das Leitschaf weiß, dass es unmittelbar hinter dem Schäfer absolut sicher vor den Hunden ist. Außerdem ist es vielleicht auch ein gewisses Vertrauen, das Herdentiere in freier Wildbahn dem Leittier entgegenbringen. Ein Hund, der zwischen Schäfer und Herdenspitze wechselt, würde diesen unerschütterlichen Glauben an die Fähigkeiten seines Herdenführers empfindlich schwächen. Es wäre dann auch nicht verwunderlich, wenn der Lockruf längere Zeit nicht mehr funktioniert.

Beim Treiben gilt es, auch an die Formation der Herde zu denken. Muss auf der Straße bei gleichzeitigem Autoverkehr getrieben werden, so muss die Herde in der Regel möglichst langgezogen werden, damit auch für das vorbeifahrende Auto noch Platz ist. Treiben auf öffentlichen Straßen ist ein Kapitel für sich. Im Gesetz heißt es, Tiere sind so zu führen, dass andere Verkehrsteilnehmer nicht gefährdet werden. Leider sind viele unserer Autofahrer wenig einsichtig. Ob es an der Naturentfremdung oder ganz banal am Egoismus Einzelner liegt, ist schwer zu sagen. Egal, wie gut Hunde und Schäfer zusammenarbeiten, Tiere sind immer in gewissem Maße unberechenbar. Das gilt besonders im Straßenverkehr. Ich habe schon erlebt, dass eine große Schafherde vom herannahenden Autofahrer einfach nicht rechtzeitig wahrgenommen wurde. Als Schäfer siehst du dann ein Auto auf die Herde zukommen, dessen Fahrer in 100 Meter Entfernung immer noch Gas gibt. Scheinbar sind Tiere auf Straßen für viele einfach nicht existent – deshalb sehen sie sie auch nicht. Ich habe längere Zeit in weniger hoch entwickelten Ländern gelebt, wo man grundsätzlich immer mit dem Auftauchen von Tieren rechnen muss.

Ein FuG, der auch für die Arbeit an einer kleinen Gruppe Schafe ausgebildet wurde.

Aus Sicherheitsgründen müssen die Autofahrer hier besser warten, bis die Schafherde die Fahrbahn wieder verlässt.

Hier bei uns versuchen die meisten Schäfer, möglichst wenig auf öffentlichen Straßen zu treiben. Wenn unbedingt notwendig, dann mit entsprechender Absicherung durch andere Personen – und dann auch besser die ganze Fahrbahn mit Schafen belegend, sodass Autos nicht an der Herde vorbeifahren können.

Das Umtreiben der Tiere geschieht in der Regel in einer ruhigen Gangart. Hunde und Schafe sollen dabei möglichst wenig belastet werden. Es kann aber auch die Situation entstehen, wo man etwas beschleunigen muss: bei besonderen Gefahrenstellen, bestem Futter neben den Triebwegen oder anderen Herden im Nahbereich. Ein zügiges Ziehen, bei dem der Herdenführer schneller vorausgeht und die Hunde, wenn nötig, auch an den Seiten den Druck erhöhen, ist die Lösung. Die Hunde müssen in bestimmten Situationen teilweise von der Herdenspitze bis zum Ende hindurch wehren, niemals aber am Ende antreiben. Wenn man bedenkt, dass Triebstrecken teilweise 10 bis 15 km täglich betragen, dann kann man sich auch vorstellen, welche Entfernungen die Hunde dabei durch das ständige Vor- und Zurücklaufen an der Herde absolvieren müssen.

Wechseln vor der Herde (Abb. 9):
Der Seitenwechsel ist notwendig beim Treiben und im engen Gehüt. Dabei ist zu beachten, dass der Wechsel von der einen Arbeitsseite auf die andere immer vor dem Schäfer und der Herdenspitze stattfindet. Das Wehren in der Furche und das Wechseln vor der Herde sind entscheidende Elemente in der Hütetechnik.

Bei züchterischen Entscheidungen muss bei diesen Hunden vor allem der tatsächliche Arbeitswert im Vordergrund stehen.

Ein guter Arbeitshund muss wetterfest, widerstandsfähig, ausdauernd und hinreichend schnell sein. Dazu gehört ein zweckmäßiger Körperbau mit geräumiger Brust und Gliedmaßen, die im richtigen Verhältnis zum Gesamtbild stehen. Bei der Bewertung dieser Hunde ist auch die Harmonie der Körperform und der Bewegung zu berücksichtigen. Die Gebrauchstüchtigkeit darf durch fehlerhafte Körpereigenheiten auf keinen Fall in Frage gestellt sein. Sie müssen ein gut schützendes Haarkleid haben, ganz gleich, ob es länger oder kürzer ist. Es soll den Hund bei der Arbeit nicht behindern und sich dem Wechsel der Jahreszeiten leicht und schnell anpassen können. Es soll bei Nässe wasserabweisend sein und gleichzeitig auch ein schnelles Trocknen in der Natur ermöglichen. Die Läufe und Pfoten sollen so ausgebildet sein, dass Einballung von Schnee und Erde vermieden wird. Die Zucht auf Haarfarbe, Ohrenform, Rutenhaltung und sonstige schnelllebige Liebhabereien darf nur geduldet werden, solange sie die Leistungsfähigkeit unserer Hütehunde nicht gefährdet.

Bei unseren Hütegebrauchshunden (HGH) muss eine natürliche Veranlagung für das Wehren von Grenzen verankert sein. Auch wenn sie, den Verhältnissen entsprechend, die Furche auf- und ablaufen sollen, so ist hier der Hektiker trotzdem weniger gefragt. Eine gute Portion Denkeranteil ist vorteilhaft. Es wird also ein Hund bevorzugt, der selbstständig erkennt, wann, wo und wie er in der Furche effektiv arbeiten muss, ohne sich dabei zu sehr zu verausgaben. Die Tendenz, gerade auf das Vieh zuzugehen, ist beim HGH eine weitere erwünschte Fähigkeit. Ein gewisser Schutztrieb wird ebenfalls mehr oder weniger erwartet. Ein starker Hütetrieb ist natürlich die ultimative Voraussetzung für diese Hunde. Ein Zeichen von Schwäche wäre, wenn der Hund aus körperlichen oder mentalen Gründen zeitlich nur begrenzt an der Herde arbeiten möchte oder kann. Ein Hund sollte beim Wehren in der Furche immer mit dem Kopf zur Herde die Richtung wechseln. Zeigt er dagegen mit dem Hinterteil zur Herde, ist das ebenfalls ein Zeichen von Triebschwäche. Die Engländer würden das als „shows tail", also „Rute zeigen" bezeichnen.

Griff des Hundes: Um als vollwertiger Hütegebrauchshund einsatzfähig zu sein, muss natürlich auch die Bereitschaft zum Einsatz der Zähne in den Genen verankert sein. Diese besondere Fähigkeit, sich bei den Schafen Respekt zu verschaffen, wird in der Fachsprache als „Griff" bezeichnet. Bei der Arbeit mit Schafen wird zwischen Nacken-, Rippen-, Keulen- und Fersengriff und dem ins trockene Bein (Beingriff) unterschieden. Die Bevorzugung der jeweiligen

Eine Griffvariante, bei der eine Verletzung nicht ausgeschlossen ist.

Griffvariante wird regional unterschiedlich gehandhabt. Während norddeutsche Schäfer den Keulengriff bevorzugen, wird in süddeutschen Regionen der Rippen- und Nackengriff favorisiert.

Die Stelle, an der der Hund anpackt, hat vor allem auch eine genetische Komponente. Sie ist relativ stark erblich bedingt und hat mit der Körpergröße zu tun. Kleinere Hunde werden mehr zum Keulengriff neigen, während die größeren gerne im Nacken oder Rippenbereich anpacken. Damit den Tieren dabei möglichst wenige Verletzungen zugefügt werden, wurden in früheren Zeiten die Eckzähne der Hunde gekürzt. Heute ist man stattdessen bestrebt, eine schonende Griffvariante durch Zucht und Ausbildungsmaßnahmen hervorzubringen. Dieses „Zupacken" mag von Nicht-Fachleuten als archaisch oder raubeinig empfunden werden. Körperliche Züchtigung im zwischenmenschlichen Bereich ist in unseren Breiten vor noch nicht allzu langer Zeit abgeschafft worden. Inzwischen haben wir andere Methoden, Abmahnungen zu erteilen. Ob diese dann in jeder Hinsicht wirklich weniger schmerzlich sind, sei dahingestellt. Als Außenstehender muss man einfach wissen, dass Herdentiere hier anders geartet sind. Eine Herde hungriger Schafe würde ziemlich schnell bemerken, dass ein Hund keine diesbezüglichen Fähigkeiten besitzt, und dementsprechend reagieren. Das soll heißen, dass sicheres Hüten in allen Lagen durch einen vor allem körperlich robusten Hund gewährleistet wird. Anders ist es bei der Koppelarbeit. Darauf werde ich aber später noch eingehen.

Ein Grundsatz bei dieser Griffeignung ist aber, dass zu hart greifende Hunde generell von der Hütearbeit auszuschließen sind. Das betrifft auch Hunde mit Gebissfehlern (Vor- und Rückbiss), da dadurch schwer heilende Wunden verursacht werden können.

Nach all der Theorie stellt sich die Frage, welche Hunderasse nun konkret die richtige für den Einsatz als Hütegebrauchshund ist. Der Deutsche Schäferhund ist in diesem Zusammenhang wohl am besten bekannt und hat tatsächlich eine lange Tradition im Hütebereich. Unsere Altdeutschen mit all ihren unterschiedlichen Landschlägen sind in Deutschland ebenfalls weit verbreitet. Außerdem gibt es natürlich zahlreiche

Ein Nackengriff, den besonders die größeren Hütehunde zeigen.

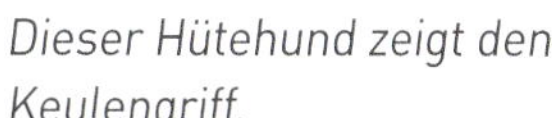

Dieser Hütehund zeigt den Keulengriff.

Der Hund hat hier eine Schneise ins Gras gelaufen, die er selbständig als Grenze wahrnimmt.

weitere Rassen, die in unseren Nachbarländern gezüchtet werden. Was sie in der Regel alle gemeinsam haben ist die Art, wie sie sich bewegen und wie sie vom Menschen geführt werden können. Eine Aufzählung aller möglichen Rassen, Schläge und Verhaltenseigenheiten würde den Umfang dieses Buches überschreiten.

Die Hüteschäfer sind mit der Schäfergemeinschaft in engem Austausch. Hunde sind dabei ein ständiges Thema. Auch Lehrgeld muss, wie man so schön sagt, hin und wieder gezahlt werden. Am Ende hat aber jeder Schäfer den für seine Anforderungen richtigen Hund. Neben der Qualität der Zucht ist auch die Quantität der gezüchteten Hunde nicht uninteressant: Obwohl die Hüteschäferei in den letzten Jahren stark zurückging, gibt es in Bayern zurzeit noch ungefähr 200 aktive Hüteschäfer. Koppelschäfer, die mehr als 20 Schafe besitzen, zählen hingegen immerhin ca. 6.000 Betriebe. Die Hüteschäfer besitzen aber mehr als 80 % der insgesamt ca. 200.000 Schafe, die es in Bayern gibt. Ähnliche Proportionen dürfte das Verhältnis in den anderen Bundesländern aufweisen. Wenn jeder Hüteschäfer mindestens vier Hütehunde benötigt, dann arbeiten in Bayern mindesten 800 Hunde an Herden – insgesamt also durchaus eine beträchtliche Zahl, die quer durch alle Hütehundrassen tagtäglich für diese Arbeit eingesetzt wird.

Zur Rassen-Eignung möchte ich von einem kleinen Erlebnis mit unseren Hunden berichten. Auf einem Bockmarkt konnte ich bei einem Gespräch mithören, dass diese Border Collies zwar gar nicht so schlecht seien, für die Furchenarbeit aber gänzlich ungeeignet. Das war noch in den Anfängen der Border-Collie-Invasion hier in Deutschland. Da ich damals noch der unerschütterlichen Überzeugung war, dass meine Hunde alles können und sowieso die besten sind, musste ich dieser Sache natürlich auf den Grund gehen. Ich war fest entschlossen, diese „Nicht-Furcheneignung“ der Border Collies zu widerlegen. Dazu schien mir unser Bob, den ich als absolutes Energiebündel kannte, der geeignete Kandidat zu sein.

Ich holte mir also unsere 300 Merinomutterschafe aus einer gut abgefressen Koppel und trieb sie zu einer relativ kleinen Fläche, um sie dort zu hüten. Es war ein mit Büschen bewachsenes Ödland in Dreiecksform, das auf der einen Seite durch einen Feldweg, auf den anderen beiden durch eine furchenähnliche Vertiefung von einem Getreidefeld abgegrenzt war. Bob kannte schon alle für die Koppelarbeit nötigen Kommandos wie „rechts", „links", „stopp" und „gerade". Jetzt galt es, das Kommando „Furche" zu üben. Ich lief also mit dem angeleinten Bob in der Furche auf und ab, während ich das Kommando „Halt die Furche!" erteilte. Überraschenderweise begriff er auf Anhieb, was ich von ihm wollte. Das Hin und Zurück in der Furche war für ihn auch kein Problem, da er von Natur aus am liebsten ständig in Bewegung sein wollte. Ablegen und den Schafen nur zuschauen war für ihn fast schon eine Bestrafung. Das Wechseln der Seiten konnte dann mit den Links-Rechts-Kommandos ebenfalls relativ einfach erreicht werden. Damit war der Beweis erbracht, dass der Border Collie die Furche sehr wohl halten kann – und die Schäfermeinung widerlegt. Das war für mich mit meinem damaligen Wissen schon relativ zufriedenstellend. Die Erfahrung, dass Bob bei der Arbeit gerne auf- und abläuft, hat mir geholfen, meine späteren Bogenläufer auch für die Treibarbeit seitlich an der Herde auszubilden.

Dieser Erfahrungsbericht zeigt einmal mehr, dass die Furchenarbeit den meisten unserer Hütehunde angelernt werden kann. Bestimmte Rassen haben allerdings die starke genetische Komponente, das Auf- und Ablaufen in der Furche geradezu zwanghaft zu zeigen. Um aber für den Hüteschäfer wirklich gut brauchbar zu sein, sind noch eine Reihe weiterer Eigenschaften unanbdingbar: Die Führigkeit, die Ausdauer, die Griffeignung, die kognitive Leistungsfähigkeit und – nicht zu vergessen – der uneingeschränkte Wille zu dienen.

Kommandos für die Hütearbeit müssen gut hör- bzw. sichtbar sowie für den Hund klar verständlich und unterscheidbar sein.

Die Kommunikation zwischen Mensch und Hund besteht aus verbalen und nonverbalen Zeichen und Gesten. Körpersprache, Mimik und Gestik haben große Aussagekraft; unsere Hunde sind diesbezüglich sehr „hellhörig".

Besonders bei unseren Hunden müssen wir darauf achten, dass Kommandos und Körpersprache übereinstimmen. Was hilft das freundlich ausgesprochene „Komm!", wenn die Körpersprache absolute Verärgerung ausdrückt, weil der Hund vielleicht nicht auf den ersten Ruf heranspringt. Unsere HH lassen sich nicht gerne mit unnützen Kommandos überhäufen, nur weil uns gerade der Sinn danach steht. Freudiges Arbeiten muss auch für unsere Hunde in Bezug zu einer sinnvollen Tätigkeit stehen. Die Lautstärke und eine gewisse Schroffheit, die bei manchen Schäfern zu hören ist, muss von den Hunden nicht unbedingt negativ aufgefasst werden. Sie gewöhnen sich an ihren Meister und wissen, dass er eben ein etwas stimmgewaltiger Beller ist, der

Ein FuG würde hier gerade auf die Schafe zulaufen. Dieser Bo dagegen zeigt, dass er im Bogen um die Schafe laufen wird.

es aber nicht schlecht mit ihnen meint. Die Entfernung und die Hintergrundgeräusche, die eine große Schafherde so mit sich bringen kann, sind nur zwei Gründe dafür, dass man in der Kommunikation mit den Hunden bei der Arbeit schon manchmal etwas lauter werden muss.

Bei großer Entfernung und windigem Wetter kann eine akustische Verständigung mit dem Hund schwierig werden. Die Verständigung mittels Arm oder der Schäferschippe ist deshalb eine weit verbreitete Methode bei den Hüteschäfern. Das Heben der Schippe, während deren Breitseite zum Hund zeigt, heißt Stopp. Richtungskommandos können mit einer Neigung der Schippe angezeigt werden. Ein Zeigen mit der Hand oder auch mit der Schippe kann im Nahbereich den Hund veranlassen, in die Furche zu gehen. Eine Vielzahl von Möglichkeiten, die von Schäfer zu Schäfer natürlich unterschiedlich gehandhabt wird. Darüberhinaus gibt es zahlreiche Pfeifkommandos. Hüteschäfer sind diesbezüglich aber zurückhaltender als Koppelschäfer.

Bei all den notwendigen Kommandos – egal ob laut oder leise, mit Stimme oder Pfeife, mit Hand oder Schippe – ist vor allem eines wichtig: Der Hund sollte relativ selbständig und mit Freude an der Arbeit unterwegs sein. Im engen Kontakt mit dem Schäfer muss er aber auch jederzeit durch entsprechende Kommandos ausreichend steuerbar sein.

Grundkommandos für den FuG: (Abb. 10)

- **Stopp:** Ist in der Regel als Stehkommando für den Hund gedacht
- **Furche:** Begib dich in die Furche und wehre entsprechend
- **Seitenwechsel:** Wechsle von einer Seite der Herde auf die andere
- **Gerade:** Beweg dich geradlinig auf die Schafe zu
- **Griff:** Aufforderung zum Griff, wenn es die Situation erfordert

Außerdem gibt es natürlich noch eine Reihe weiterer Hilfskommandos, die für die korrekte Ausführung der Grundkommandos notwendig sind. So wird zum Beispiel bei der Furchenarbeit das Kommando „Geh weiter" (entlang der Furche) notwendig werden, ebenso die üblichen Kommandos wie „Komm", „Aus", „Spring", „Langsam", „Fertig", Lob, „Geh ins Auto / in den Zwinger" und noch einiges mehr.

Das multifunktionale Arbeitsgerät, die „Schippe", war und ist beim Hüten immer im Einsatz.

Das Leistungshüten ist ein Berufswettkampf, bei dem Hund und Schäfer ihr Können im Wettstreit mit anderen Kollegen unter Beweis stellen. Der Wettkampfablauf ist dem Arbeitsalltag eines Hüteschäfers nachempfunden.

Das erste „Preishüten" in Deutschland – so der damalige Ausdruck für diese Wettbewerbe – wurde Anfang des 20. Jahrhunderts vom Verein für Deutsche Schäferhunde (SV) veranstaltet. 1901 fand das erste Preishüten in Württemberg statt. In Bayern wurde dann 1902 ebenfalls ein erstes derartiges Hüten abgehalten. Bei diesen ersten Preishüten stand zunächst der Hund im Vordergrund. Das Wesen des Hundes und seine Hüteveranlagung galt es dabei zu bewerten. Von weiteren überregionalen Leistungshütewettbewerben des SV wird dann in der Literatur das Jahr 1925 erwähnt, stattgefunden auf dem „Glaskopf" bei Marburg und 1936 in Arnstadt/Thüringen. Neben dem SV wurden dann auch die Schafzuchtverbände diesbezüglich aktiv. Im Jahr 1939 wird dann von sogenannten „Reichshüten" berichtet, die in verschiedenen Provinzen Deutschlands stattfanden. Die Vereinigung Deutscher Landesschafzuchtverbände nahm mit dem ersten Bundeshüten am 21./22.09.1985 in Korbach/Waldeck die Tradition der Reichshüten wieder auf. Das alleinige Bewerten des Hundes wurde in eine Bewertung von Schäfer, Hund und Auswirkung auf das Verhalten der Schafe ausgeweitet. Die Leistung des Schäfers wird mit Worten und Noten bewertet, die der Hunde mit einem Punkteschema. In der Regel wird mit zwei Hunden gearbeitet. Man spricht dann von einem Haupthund und einem Beihund.

Auch Ziegen sind für die Arbeit willkommen.

Inzwischen gibt es in Deutschland zwei Hüteordnungen, die sich in den Zulassungsbestimmungen und der Beurteilung der Hüteleistung unterscheiden. Zum einen ist das die Vereinigung Deutscher Landesschafzuchtverbände (VDL), zum anderen der Verein für Deutsche Schäferhunde (SV). Diese Leistungshüten erfreuen sich inzwischen wieder großer Beliebtheit. Manchmal werden sie in Verbindung mit Schäferfesten angeboten. Es gibt auch ein System, bei dem sich durch Qualifizierungsmöglichkeiten bis zu

Ein HH, der bellend seine Arbeit verrichtet.

einem Bundesleistungshüten hochgearbeitet werden kann. Dieses Aufstiegssystem führt über Bezirks- oder Kreisleistungshüten zum Landesleistungshüten bis hin zum Hauptleistungshüten.

Die Ergebnisse der Hüteleistung lassen sich züchterisch auswerten und sollen auch der Öffentlichkeit zeigen, wie sich der Beruf der Schäfer darstellt. Sie dienen der Kontaktpflege zwischen Hundezüchtern, Schäfern und interessierten Besuchern, die bei diesen Veranstaltungen immer dabei sind. Inzwischen wird die Fähigkeit, einen entsprechenden Parcours zu absolvieren, auch in der Schäferprüfung verlangt. Dabei wird seit einigen Jahren zwischen Hüteschäfer und Koppelschäfer unterschieden. Ich musste meine Meisterprüfung – obwohl ich mich zu den Koppelschäfern zähle – damals noch mit meinen zwei Border Collies beim Leistungshüten an der Triesdorfer Herde absolvieren. Lief gar nicht so schlecht, worauf ich zugegebener Maßen schon etwas stolz bin.

Warum ich den Ablauf eines derartigen Wettbewerbes in diesem Buch noch näher beschreibe, hat zwei Gründe. Als Hütehundeliebhaber wird man früher oder später eine derartige Veranstaltung besuchen. Da ist es **einerseits** hilfreich, wenn ein gewisses Wissen zu den Leistungsanforderungen besteht. Denn obwohl meist einiges zum Wettkampfgeschehen über Lautsprecher erklärt wird, ist es nicht einfach, die Zusammenhänge der geforderten Leistungen zu verstehen. Das Leistungshüten ist den Arbeitsabläufen eines Hüteschäfers nachempfunden. Um die Leistungsanforderungen und Leistungsfähigkeiten unserer Furchengänger verständlich zu machen, ist die Beschreibung derartiger Wettbewerbe **andererseits** ein praxisbezogener Weg der Wissensübermittlung.

Bei manchen dieser Veranstaltungen ist übrigens auch ein alter Brauch, **der Schäferlauf**, zu sehen. In früheren Zeiten mussten die Hirten schnellfüßig und verteidigungsbereit sein. Dem Schnellsten unter ihnen galt die Achtung und Ehrerbietung. Heute müssen die Schäfer nach Geschlechtern getrennt barfuß über Stoppelfelder laufen. Das junge Siegerpaar wird als Schäferkönig und -königin mit Kronen geschmückt. Als Preis erhalten sie jeweils einen Hammel oder ein Lamm und führen anschließend den Festzug an.

Ein Leistungshüten spiegelt im Großen und Ganzen die Arbeitsanforderungen eines Hüteschäfers wider, die er täglich zu bewältigen hat. Ich werde die einzelnen Stationen nur relativ kurz kommentieren, hoffe jedoch, dass die Hütekunst des Schäfers und die Leistungsfähigkeit der Hunde dadurch verständlich werden. Genauere Anleitungen, wie sie vom Fachmann benötigt werden, geben Bücher, die im Literaturverzeichnis gelistet sind.

Ablauf und Aufbau des Hüteparcours richten sich nach den Eigenheiten des Hütegeländes. Die notwendigen Stationen werden in der Regel in einem Rundtrieb angeordnet. Es müssen genügend Wegstrecken zum Treiben und Flankieren sowie Anreize für **Nascher** vorhanden sein (Nascher sind Schafe, die sich im Vorbeigenen schnell mal ein paar Bissen vom Nachbarsfeld einverleiben). Außerdem sind deutlich markierte Furchen oder sonstige Grenzen notwendig, welche die Hutflächen abgrenzen. Eine Straße oder ein breiter Feldweg ist für die Prüfung des Verkehrsverhaltens mit einzuplanen. Ein Durchgang sollte in 45 bis 60 Minuten zum Abschluss gebracht werden können. Das Stellen wird in verschiedenen Situationen geprüft. Wehren, Griff, Wesen, Fleiß, Selbstständigkeit und Gehorsam werden während des gesamten Triebs beachtet und bewertet.

Bevor wir uns mit den Anforderungen im Hütewettbewerb befassen, müssen wir noch zwei Begriffe kennenlernen: **Halbenhund und Beihund.** Halbenhund hat glücklicherweise nichts mit einem halben Hund zu tun. Es ist in der Regel der Hund, der schon besser als der Beihund ausgebildet ist. Der Ausdruck leitet sich aus der Aufgabenstellung ab, die er beherrschen muss. Er bewacht alleine die vom Schäfer abgewandte Weidegrenze, also eine Hälfte (Seite), und der Schäfer mit dem Beihund die andere Seite. Ziel eines jeden Schäfers ist es natürlich, dass alle seine Hunde den Status eines Halbenhundes erreichen. In Situationen, in denen der Beihund überfordert sein könnte, wird der Schäfer ihn vorübergehend anleinen, damit die Schafe nicht unnötig beunruhigt werden.

Im nachfolgenden Beispiel werde ich die Leistungsanforderungen eines **Lehrhütens** beschreiben, wie sie in Bayern im Rahmen der Berufsausbildung zum Tierwirt, Fachrichtung Schafe, von den Lehrlingen verlangt wird. Es handelt sich dabei um eine überbetriebliche Ausbildungsmaßnahme. Die Auszubildenden sollen während des Hütens zeigen, wie gut sie ihre Hunde ausgebildet haben und wie gut sie mit einer Schafherde umgehen können. Die Bewertung der Teilnehmer – Schäfer und Hunde – erfolgt in Anlehnung an Vorschriften, wie sie für Leistungshüten üblich sind. Es kann mit einem oder zwei Hunden gearbeitet werden.

Bei der Hüteleistung werden folgende Kriterien beurteilt: (Abb. 11)
(Punkteschema nach SV-Hüteordnung)

		max. Punktzahl
1	Auspferchen	5
2	Engwegtreiben	8
3	Verhalten im engen Gehüt	10
4	Verhalten im weiten Gehüt	10
5	Brücke	7
6	Verkehrshindernis	10
7	Einpferchen	5
8	Stellen (Kippen)	8
9	Hütetrieb und Wehren	8
10	Gehorsam	6
11	Selbständigkeit	10
12	Griff	8
13	Furche halten	5

Die Noten werden wie folgt vergeben: 90-100 vorzüglich, 89-80 sehr gut, 79-70 gut, 69-60 befriedigend

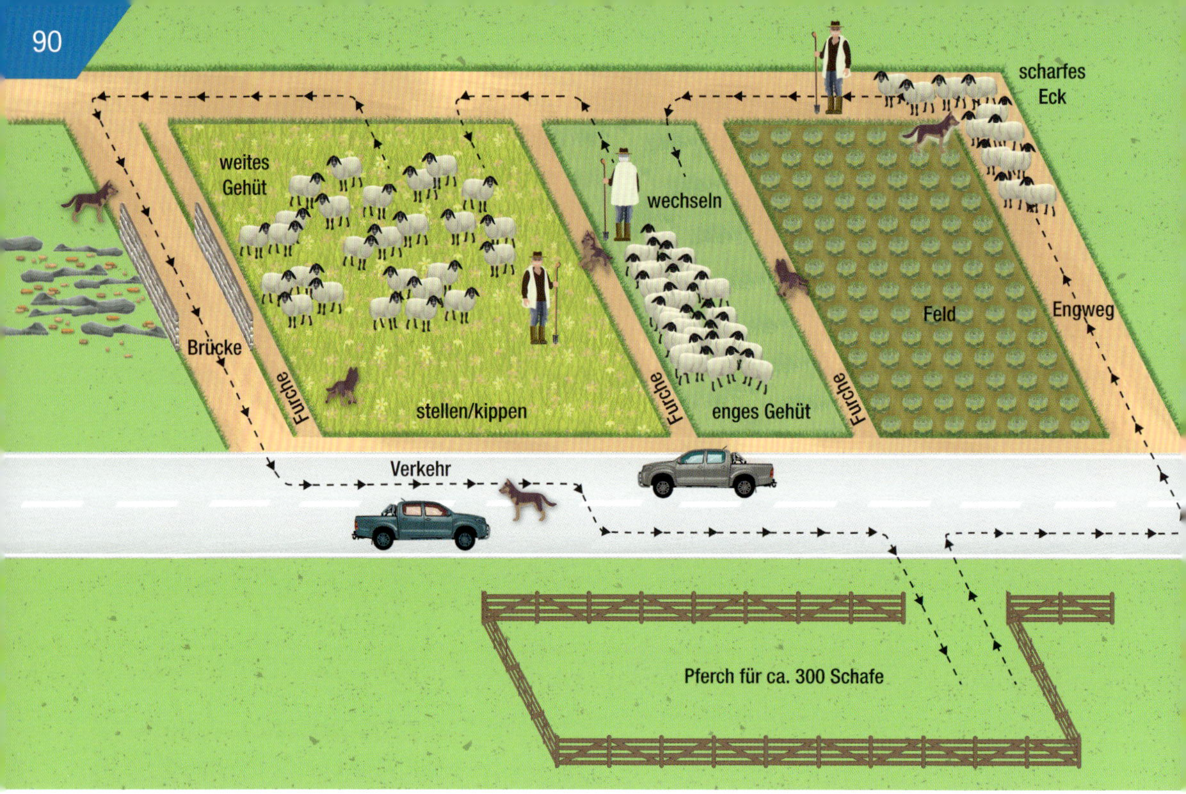

scharfes Eck
weites Gehüt
wechseln
Brücke
Furche
stellen/kippen
Furche
enges Gehüt
Furche
Feld
Engweg
Verkehr
Pferch für ca. 300 Schafe

Deutsches Leistungshüten (Lehrhüten, Abb.12): *Für die Reihenfolge der Abschnitte gibt es kein festes, vorgeschriebenes Muster. Sie wird an die örtliche Gegebenheit des Hütegeländes angepasst. Die Grenze (Furche) für das jeweilige Gehüt wird für Schäfer und Hund gut erkennbar sichtbar gemacht.*
Bewertet werden: *Die Fähigkeit des Hüters beim Ein- und Auspferchen, Treiben zur Weide, im engen und weiten Gehüt, Treiben über Brücke und Verhalten im Straßenverkehr. Das Verhalten der Hunde: Hütetrieb und Wehren, Gehorsam und Selbstständigkeit, Stellen und Wechseln, Griff und Furchehalten.*

Thomas Inzelsberger (hier Bundesleistungshüten) bei einem zwanglosen Spaziergang abseits vom Hütegelände, um sich auf die anstehende Aufgabe einzustimmen.

Letzte Konzentration vor Hütebeginn. Die Blicke des Hundes sind Anzeichen für die intensive Bindung zwischen Schäfer und Hund.

Prüfung der Pferchanlage und natürlich auch, ob alle Schafe gesund, munter und für den Austrieb bereit sind. Anschließend wird die Pferchanlage geöffnet. Die Hunde bewachen den Ausgang, damit die Schafe nicht unkontrolliert ausbrechen.

Der Halbenhund begibt sich per Hurdensprung in den Pferch, um die Schafe in Bewegung zu bringen. Eine Aktion, die nur bei Bedarf gezeigt werden kann!

Der HH bewacht den Ausgang und steht an der Austriebsöffnung, an welcher der größte Druck durch die Herde zu erwarten ist. Die HH stehen bis zum völligen Austrieb der Herde, bis sie abgerufen werden.

Auspferchen: Der Schäfer geht in oder um den Pferch, um zu prüfen, ob alles in Ordnung ist. Schafe werden heute meist im Ruhepferch mit Elektronetzen eingezäunt. Zu prüfen ist die Pferchanlage sowie selbstverständlich auch das Wohlbefinden der Tiere. Haben Schafe gelammt oder gibt es Anzeichen, dass es einem Tier nicht gut geht, müssen vor dem Austrieb entsprechende Maßnahmen ergriffen werden. Auch müssen die Schafe zum Aufstehen gebracht werden, damit die meisten von ihnen noch im Pferch abkoten. Wenn alles in Ordnung ist, muss ein entsprechender Kontakt zu den Tieren hergestellt werden. Hier können oft Kleinigkeiten entscheiden, ob der spätere Ablauf erfolgreich ist oder nicht: Wie man sich bewegt, wie man riecht (das „Herdenparfüm" ist besser als jedes Duftwasser) und die Tonlage, in der man mit den Tieren spricht. Selbst der Geruch der Wettkampferde an den Füßen von Schäfer und Hund vor Betreten des Pferches hilft, auf Anhieb ein Vertrauensverhältnis mit den Schafen herzustellen.

Jetzt öffnet der Schäfer den Pferch und schickt den Halbenhund mit dem sogenannten **Hurdensprung** in den Pferch. Mit einem der Herde bekannten Lockruf und, wenn nötig, mit Hilfe des Hundes werden die Schafe dann möglichst ruhig ausgepfercht. Sobald die Herde am Ziehen ist, wird der Halbenhund am Pferchausgang platziert, an welcher der meiste Druck der Schafe zur Öffnung hin zu erwarten ist. Er soll diesen Platz erst verlassen, wenn die letzten Schafe aus dem Pferch gelaufen sind.

Die Herde auf dem Weg zu allen weiteren Herausforderungen (hier Lehrhüten).

Im Engweg muss der HH zeigen, dass er sich genügend Respekt verschaffen kann.

Beim Treiben zur Weide ist die vorrangige Aufgabe des Hüters, eine gute Verbindung zu Herde und Hunden zu gewährleisten. Ein Sichtzeichen zum Steh/Stopp für den Hund in der Entfernung.

Engwegtreiben: Beim Weg zur Weide geht der Schäfer vor der Herde und die Hunde flankieren, falls erforderlich, auf beiden Seiten. Beim alltäglichen Hüten gilt es teilweise, relativ lange Wegstrecken vom nächtlichen Unterstand bis zur Weide zurückzulegen. Vorbei an fremden Feldern, wo die Schafe keinen Schaden verursachen sollen, auf Wegen, die sie nicht verlassen dürfen und natürlich auch zahlreichen Abbiegungen folgend, die sie ohne die Ecken zu schneiden sicher nehmen müssen. Meist gibt es neben den Wegen Ackerfurchen oder andere Begrenzungen, welche die Hunde rechts und links ablaufen müssen.

Im Prüfungsgeschehen wird diese Kunst, eine große Schafherde auf engen Wegen zu treiben, natürlich auch von den Prüflingen verlangt. Wird mit einem Hund gearbeitet, dann muss er auf der Gefahrenseite positioniert werden. Nascher sollten von den Hunden selbstständig erkannt und bestraft werden. Beim Abbiegen muss der Hund an der inneren Ecke positioniert werden, um zu verhindern, dass Schafe übers Feld abkürzen. Jetzt gilt es vor allem zügig, aber auch mit Fachkenntnis die Herde zur nächsten Herausforderung zu treiben. Zaudern oder Übergenauigkeit sollte möglichst vermieden werden. Hund und Herde spüren natürlich, ob ein Hirte nervös oder relativ entspannt den Zug der Herde anführt. Jetzt zeigt sich auch, ob der Schäfer „Tierflüsterer"-Fähigkeiten besitzt oder nicht. Selbst kleine Unsicherheiten in der Rangordnung müssen bei diesen ersten Treibaktionen beachtet werden. Vertrauen die Leitschafe dem Schäfer? Werden die Hunde entsprechend akzeptiert (was nicht hei-

Das Furche halten ist hier die wichtigste Aufgabe für die Hunde.

Mit Handzeichen wird der HH zum Wechseln der Seiten aufgefordert.

Hund und Schäferin müssen aufpassen, dass die Schafe die vorgegebene Grenze nicht überlaufen.

ßen muss, dass sie gefürchtet werden)? Dies und einiges mehr sind Feinheiten, die das Verhältnis zwischen Schäfer und Herde beeinflussen.

Enges Gehüt: Als enges Gehüt wird eine schmale Weidefläche bezeichnet, auf der die Schafe relativ nah beieinander fressen. Dementsprechend müssen die Hunde gut aufpassen, dass die Schafe auf angrenzenden Flächen keinen Schaden verursachen. Schafe tendieren unter engen Verhältnissen dazu, sich genügend Platz zur Futtersuche zu schaffen. Dementsprechend gilt es für die Hunde, die Grenzen intensiv zu wehren. Trotzdem müssen die Hunde die Grenzen relativ gefühlvoll ablaufen, damit kein Fluchtdruck auf die gegenüberliegende Seite ausgelöst wird. Den Schafen soll dabei erlaubt sein, das Gras möglichst ungestört bis zur angrenzenden Kultur abzufressen. Hastige Bewegungen des Hundes, Bellen oder unerlaubtes Hineinstoßen in die Herde wird sich dabei besonders nachteilig auswirken.

Als enges Gehüt kann in der Praxis auch das Weghüten bezeichnet werden. Wenn die Schafherde nicht allzu groß ist, werden Wegränder von Schafen gerne abgeweidet. Das liegt wohl an dem meist kurzen, dichten und mit Kräutern bewachsenen Rasen. Der Schäfer geht bei dieser Aufgabe im hinteren Drittel der in die Länge gezogenen Herde. Auf Hörzeichen muss der Hund vor der Herde die Seiten wechseln, ohne dass er die Schafe stört oder unnötig kippt. Dies gilt auch beim Hüten mit zwei Hunden. Insgesamt ist dies also eine relativ anspruchsvolle Passage im Wettkampfgeschehen.

Beim Einzug ins weite Gehüt wird den Hunden signalisiert, wie sie sich verhalten sollen.

Im weiten Gehüt darf sich die Herde entsprechend entfalten und in Ruhe Futter aufnehmen.

Der Haupthund begleitet die Herde und bewacht die Grenzen auch in größerer Entfernung zum Hirten.

Weites Gehüt: Das weite Gehüt ist die am häufigsten benötigte Weideoption, bei der die Schafe ungestört fressen können. Die Herde kann sich großflächig verteilen und sich ihrem natürlichen Fressverhalten widmen. Im Hütealltag sind es Landschaftspflege-, Ernterückstands- und Nachweideflächen, die dabei überhütet werden.

In unserem Fall begibt sich der Hundeführer wieder an die Spitze der Herde und zieht mit ihr in das weite Gehüt. Er lässt die Herde um sich herum in ein großflächiges Weidegelände einziehen. Der Halbenhund wird im weiten Gehüt für Arbeiten eingesetzt, die in größerer Entfernung zum Hirten stattfinden. Auch wird er für die Furchenarbeit, die der **Mannseite** gegenüberliegt, benötigt. Unter „Mannseite" versteht man die Furche, die sich unmittelbar neben dem Schäfer befindet. Es handelt sich hier um einen traditionellen Fachausdruck, zu dem mir momentan noch keine geschlechtsneutrale Alternative bekannt ist.

Während der Schäfer mit seinem Beihund mehr oder weniger an der Einzugsstelle bleibt, muss der Halbenhund die übrige Arbeit verrichten. Er muss auf der **Außenseite** wehren und, wenn notwendig, die Herde begleiten. Unter „Außenseite" versteht man die Grenze, die auf der gegenüberliegenden Seite zum Hirtenstandort liegt. Der Halbenhund soll die Grenzen des Hütegeländes korrekt wehren und möglichst ohne Befehl auf Höhe derjenigen Schafe sein, die der Grenze am nächsten sind. Sind mehrere Seiten zu wehren, soll der Hund ohne starkes Schneiden der Ecken sauber über die Winkel laufen. Die bis

Der HH bewacht den Einzug in die Brücke.

Die Herde zieht durch die Brücke.

Die Hütehunde bleiben bis zum Abruf auf ihrer Position.

dahin ruhig in eine Richtung grasenden Schafe müssen dann bei Gelegenheit wieder veranlasst werden umzudrehen. Und das natürlich, besonders im Wettbewerbsgeschehen, mit Hilfe des Hundes.

Brücke: Bei dieser Aufgabe werden die Hunde so positioniert, dass einzelne Schafe nicht an der Brücke vorbeilaufen. Ist keine natürliche Brücke vorhanden, so wird eine fiktive Brücke mit einem Durchgang von 5 m Breite erstellt. Die Hunde werden am Eingang der Brücke positioniert, kurz bevor die ersten Schafe die Brücke betreten. Haben alle Schafe die Brücke überquert, werden die Hunde abgerufen oder können ebenfalls selbstständig über die Brücke gehen. Die Entfernung zum Schäfer und die Abneigung der Schafe, durch eine relativ enge Stelle zu ziehen, benötigt selbstsichere Hunde, die bestens ausgebildet sind.

Verkehrshindernis: Beim Treiben von Tieren im Straßenverkehr sind gesetzliche Vorgaben zu beachten. So muss beispielsweise der Einfluss des Menschen auf die Tiere so groß sein, dass die Sicherheit anderer Verkehrsteilnehmer nicht gefährdet werden kann. Das ist natürlich leichter gesagt als getan. Diese Vorgaben beinhalten auch, dass Fahrzeugführer nicht überholen dürfen, wenn kein ausreichender seitlicher Abstand eingehalten werden kann. In unserem Fall spielt sich die Prüfung wie folgt ab: Der Halbenhund läuft entlang der Herde vor und zurück. So hält er die Herde auf einer Straßenseite, damit ein sich näherndes Fahrzeug langsam an der Herde vorbeifahren kann. Eine

Der HH schafft Abstand zwischen Auto und Herde.

Hier drückt der HH die Schafe vom Auto weg.

Im Hütealltag wird dann aber in der Regel diese Variante bevorzugt. Die Fahrzeuge müssen warten, bis die Herde vorbei ist.

schwierige Übung, für die nicht alle Halbenhunde geeignet sind. Besonders wenn es eng wird, weichen sie gerne aus und laufen dann außen um das herannahende Fahrzeug herum.

Einpferchen: Nachdem die Schafe im täglichen Hütealltag gesättigt sind, werden sie wieder in die Koppel oder in den Pferch getrieben. Bei der Prüfung ist das die abschließende Aufgabenstellung für den Schäfer. Er zieht mit der Herde in Richtung Pferch und läuft dabei vorweg, während die Hunde seitlich arbeitend die Schafe begleiten. Damit kein Schaf am Eingang vorbeiläuft, werden die Hunde zu dessen beiden Seiten platziert und bleiben dort, bis das letzte Schaf im Pferch ist. Die Hunde verlassen ihren Platz erst, wenn der Pferch geschlossen ist. Jetzt kommt das obligatorische Loben der Hunde – meiner Meinung nach vor allem, um den Zuschauern zu demonstrieren, dass der Schäfer ein freundlicher Mensch ist. Die Hunde spüren nämlich ganz genau und ohne große Worte, ob der Schäfer mit ihnen zufrieden ist.

Voranstellen: Bei dieser Aktion soll der Halbenhund zeigen, wie er die Schafe auf eine ruhige Art und Weise am Vorwärtsziehen hindern kann. Das kann bei verschiedenen Hütesituationen notwendig werden. Dadurch soll das Weidetempo beeinflusst werden, um ein zu schnelles Überlaufen des Futters zu verhindern. Der Halbenhund, der bis jetzt in der Furche lief, muss dabei mit einem entsprechenden Kommando veranlasst werden, in Richtung Schafe zu gehen. Da das Verlassen der Furche für den Hund in der Regel verboten ist, muss für

Der Zug von der Weide zum Pferch.

Der HH bewacht den korrekten Einzug.

Das Tor wird geschlossen. Mit dem Schließen der Pferchanlage und der Prüfung der Funktionsfähigkeit der Einfriedung ist die Aufgabe beendet.

diese Anforderung schon ein beträchtlicher Ausbildungsaufwand betrieben werden. Das Ganze hat natürlich wieder möglichst mit Ruhe und ohne Hast zu passieren. Versuchen die Schafe, an ihm vorbeizulaufen, muss er sie nötigenfalls mit dem Griff oder mit Pendelbewegungen daran hindern.

Kippen: Das Kippen wird notwendig, wenn die Weiderichtung zum nochmaligem Überhüten einer Fläche notwendig wird. Dazu wird der Hund, wie beim Vorstellen, vor die Herde beordert. Er bringt die Herde zum Stehen und bewirkt, dass der Herdenzug kippt und sich in Ruhe in die gewünschte Richtung bewegt. Der Weg des Hundes zur Herde und zurück hat gradlinig zu erfolgen.

Hütetrieb und Wehren: Der Hütetrieb wurde durch langjährige Zuchtauslese geschaffen. Er ist ein modifizierter Jagdtrieb, bei dem einige Sequenzen verstärkt und andere unterdrückt worden sind. Er zeichnet sich durch den uneingeschränkten Willen aus, am Nutzvieh zu arbeiten. Ob Sonne oder Regen, ob Schnee oder Hagel, der Hund muss ihn, falls erforderlich, bis zum Limit seiner Kräfte zeigen. Bei der Arbeit muss er die Aufmerksamkeit stets bei Schaf und Schäfer haben. Unter „Wehren" verstehen wir hier, dass er selbstständig an den gefährdeten Stellen wehrt, dabei aber möglichst wenig stört, Nascher zurückdrängt und notfalls auch bestraft.

Gehorsam: Der Hund soll zeigen, dass er willig und freudig seine Arbeit verrichtet. Auf Hör- oder Sichtzeichen muss er verlässlich die geforderte Leistung bringen. Gehorsam zieht sich durch

Der Hütealltag eines Schäfers kann nur mit Hilfe seine bestens ausgebildeten Hunde bewältigt werden.

alle Disziplinen des Hütens. Nur durch gründliche Ausbildung, Fachwissen und Einfühlungsvermögen des Hundeführers kann ein Hund dazu befähigt werden. Wesentliche Merkmale des optimalen Gehorsams sind die Fähigkeiten des Schäfers und die genetischen Voraussetzungen des Hütehundes. Beurteilt wird hier nicht nur die Leistung des Hundes, sondern auch die Art und Weise, wie der Schäfer mit seinen Hunden umgeht. Erfolgreiche Wettbewerbshunde sind meist die etwas feinfühligeren Hundetypen. Sie sind eben größtenteils von Natur aus führiger als die Draufgänger oder Macher, wie ich sie bezeichne.

Selbständigkeit: Je selbständiger und effektiver der Hund an der Grenze arbeitet, umso besser wird auch die Bewertung der Richter ausfallen. Der selbständige Hund braucht relativ wenig Kommandos. Er ist eben meist dort, wo er gebraucht wird. Ob das beim Ein- oder Auspferchen, bei der Brücke, an den Ecken oder beim Hüten ist, er weiß, wo er mit gezielten Aktionen seinen Rudelführer, den Schäfer, unterstützen kann. Ein waschechter Denker eben, der den Unterschied zwischen einem guten und einem sehr guten Hund ausmacht.

Griff: In jeder Herde gibt es Tiere, die ziemlich schnell herausfinden, ob ein Hund durchsetzungsfähig ist oder nicht und sich demgemäß verhalten. Um sich bei ihnen also Respekt zu verschaffen, muss der Hund nötigenfalls auch schon einmal seine Zähne zum Einsatz bringen. Ein fachgerechter Griff muss schnell und ohne Verletzungen erfolgen. Unnötiges und zu heftiges Beißen ist fehlerhaft. In der Prüfung muss der Hund entweder auf Kommando oder wenn es die Situation erfordert zeigen, dass er die Fähigkeit zum Zupacken hat.

Furche halten: Hier muss der Hund zeigen, dass er während des gesamten Hütens sauber in der Furche läuft. Dies gilt auch für anderweitige Grenzen wie Wegraine, Feldwege oder Ränder von Kulturen, die nicht gehütet werden dürfen. Beim Ablaufen der Grenzen muss beim Richtungswechsel der Kopf zu den Schafen zeigen, nicht das Hinterteil. Der Hund darf sich auf keinen Fall von den Schafen aus der Furche drängen lassen.

Beurteilung der Hüteleistung: Sie baut auf einem Bewertungsschema auf und ist, wie bei allen Profi-Veranstaltungen, durch eine Hüteordnung geregelt. Der Gehorsam, die Selbständigkeit und der Fleiß des Hundes sowie natürlich auch das Können des Hundeführers werden über den gesamten Wettbewerb hin bewertet. Die Hundeführer haben in korrekter Berufskleidung zu erscheinen. Für den Ablauf der Veranstaltung ist ein Hüteleiter zuständig. Die Richter sind erfahrene Schäfer und Schafzuchtberater. Das Bewertungsschema entspricht in seinen Elementen dem aktuellen Stand der Praxisanforderungen. Für die einzelnen Abschnitte ist jeweils eine Höchstpunktzahl festgelegt. Für Mängel gibt es Punktabzüge.

Neben dem Auftreten und Verhalten des Schäfers während des Hütens werden natürlich auch die Leistungen des Hundes oder der Hunde bewertet. Auf einen harmonischen und tierschonenden Ablauf der Veranstaltung wird besonderer Wert gelegt. Sowohl für den Lehrling als auch für die Zuschauer soll dabei ein Wissenszuwachs erzielt werden.

Das Überqueren eines Gewässers mit einer so großen Herde ist eine besondere Herausforderung für alle Beteiligten.

Der Rundpferch ist für Koppelschäfer ein ideales Konstrukt, um ihre Hunde mit den Schafen vertraut zu machen. Diese schönen Holzhurden werden inzwischen meist durch Metallgatter ersetzt.

Koppelschäfer und ihre Hunde

Koppelschäfer und ihre Hunde

Die Arbeit des Koppelschäfers (umgangssprachlich „Koppler") unterscheidet sich im täglichen Arbeitsablauf deutlich von der des Hüteschäfers. Die Schafe werden in eingezäunten Flächen gehalten, sodass eine ständige Beaufsichtigung nicht notwendig ist. Andere Aufgaben wie Umtreiben, Tierbehandlung, Verladen und auch sporadische Hüteeinsätze müssen – wie auch beim Hüteschäfer – trotzdem bewältigt werden. Auch hier gilt: Hunde sind unverzichtbare Helfer für ein erfolgreiches Arbeiten.

Während die klassische Hüteschäferei bei uns ein sehr traditionsbehafteter Beruf ist, hat sich durch die Koppelhaltung ein relativ neues Aufgabengebiet entwickelt. In den angelsächsischen Ländern werden bereits seit Hunderten von Jahren spezielle Hunde für das Einsammeln und Umtreiben von Nutztieren gezüchtet. Bei uns haben sich derartige Hunde dagegen erst im vorigen Jahrhundert etabliert. Für eine erfolgreiche Koppelschafhaltung sind natürlich auch gute Fachkenntnisse in der Tierhaltung, Grünlandwirtschaft und Managementaufgaben erforderlich. Da die Koppler die Schafe meist im Nebenerwerb halten, ist auch bei ihnen ein langer Arbeitstag nicht die Ausnahme, sondern die Regel. Ist der Koppler glücklicher Besitzer eines oder mehrerer Hütehunde, so sind Kenntnisse zur Haltung und Ausbildung von Hütehunden natürlich auch ein unabdingbarer Bestandteil seiner Fähigkeiten.

In Bayern gibt es momentan ca. 6.000 Koppelschafhalter. Gezählt sind hier nur Schafhalter, die mehr als 20 Schafe halten – also eine beträchtliche Anzahl an Betrieben, die Hütehunde brauchen. Hochgerechnet auf Deutschland oder auch weltweit gesehen sind es Tausende von Hunden, die für diese Kopplераufgaben gebraucht werden. Es gibt zwar immer noch vereinzelte Betriebe, die ohne die Hilfe eines Hundes arbeiten; auch sie erkennen aber früher oder später, dass es ohne Hund nicht geht. Oft werden erste Schafe nur aus Hobbygründen, sozusagen für den „Hausgebrauch", angeschafft. Im Laufe der Zeit werden es dann immer mehr – und ein Hütehund dringend gebraucht. Meine Meinung dazu ist schnell zusammengefasst: **Ein Schäfer ohne Hund ist wie ein Cowboy ohne Pferd.**

Dazu eine Erfahrung aus der Entstehung der Schafhaltung in unserem Betrieb. Nach etlichen Jahren Auslandstätigkeit in Ostafrika und Asien war es der Plan, wieder in heimischen Gefilden sesshaft zu werden. Inzwischen gab es auch eine Familiengründung mit Frau und Kindern. Das nächste Projekt sollte wieder die Tierhaltung sein. Fünf Schafe waren der Anfang. Die vermehren sich natürlich, sodass es bald etwa 50 Mutterschafe waren. Dann kam aber plötzlich wieder ein interessantes Tätigkeitsangebot im Ausland ins Spiel, zu dem ich nicht Nein sagen konnte. Diesmal war es Südosteuropa – also schon etwas näher an der Heimat.

Meine Mutter, die einzige Person, die noch auf dem Hof war, konnte ich überreden, sich um die Schafe zu kümmern. Wie es halt bei Schafen so geht, kam die nächste Lammzeit ... und auf einmal waren es mehr als hundert Tiere. Es war ein relativ trockener Sommer und das Futter in den eingezäunten Flächen wurde knapp.

Meine Mutter konnte ich telefonisch überreden, die Schafe auf einer größeren, angrenzenden Ödlandfläche zu hüten. Ohne Hund wohlgemerkt! Das ging eine Zeit lang ganz gut und wäre wohl auch so geblieben, wäre da nicht der verlockende Geruch einer angrenzenden Kleefläche gewesen. Es kam, wie es kommen musste: Meine Mutter rief mich an und drohte, wenn ich nicht sofort etwas unternähme, würde sie die Koppel öffnen und den Schafen freien Lauf lassen. Da ich wusste, dass sie es ernst meinte, buchte ich sofort einen Flug nach Hause und verkaufte alle Schafe bereits am nächsten Tag an einen befreundeten Tierhändler. Fünf der Tiere behielt ich, die dann die Startriege für den nächsten Anlauf in Sachen Schafzucht bildeten – diesmal aber mit einem geeigneten Hütehund.

Geschichten wie diese kann man als Hütehunde-Mensch fast täglich miterleben: Aufbau einer Koppelschafhaltung ohne Hilfe eines Hundes, bis eines Tages die Schafe merken, dass dieser freundliche Mensch mit seinem Lockruf und seiner Futterbestechung gar nicht derjenige ist, dem man in jeder Lebenslage auch gehorchen muss. Daraufhin folgt die dringende Suche nach einem voll ausgebildeten Hund. Meine erste

Kurze Gatter mit einer Querstrebe.

Hier werden schon zwei Querstreben notwendig.

Eine Einzäunung, wie sie in England vielfach zu sehen ist.

Frage an den Interessenten ist dann: Hast du auch genügend Erfahrung, um mit einem solchen Hund umgehen zu können? Folgt hierauf ein Nein, heißt es dann: Zuallererst musst du Zeit für deine eigene Ausbildung einplanen, bevor du das Hundeprojekt in Angriff nimmst!

Die Hütehundeausbildung war in der Vergangenheit eine Hüteschäfer-Angelegenheit, die für Neueinsteiger schwer nachvollziehbar war. Meine ersten Ansätze, von Schäfern zu erfahren, wie sie ihre Hunde ausbilden, waren nicht besonders erfolgreich. Ob das an Verständigungsschwierigkeiten oder einfach an deren Einstellung lag („Was geht dich das an?"), konnte ich nicht wirklich herausfinden. Inzwischen gibt es aber Bücher und auch Kursangebote, so dass Lernwillige immer Ausbildungsmöglichkeiten finden werden. Ich denke, gerade für die Koppler sollte der erste Ansprechpartner der Züchter sein, von dem der Hund gekauft wurde. Wenn er wirklich Arbeitshunde züchtet, dann sollte er auch sehr genau wissen, wie sie ausgebildet werden.

Der Schäferberuf ist in Deutschland ein staatlich anerkannter Ausbildungsberuf. Dies betrifft auch Schäfer, die ihre Tiere in der Koppel halten. Die Ausbildung zum Tierwirt/Tierwirtin, Fachrichtung Schäferei, hat in der Regel eine Ausbildungsdauer von drei Jahren, was auch für den Koppelschafhalter gilt. Inzwischen gibt es aber auch eine Quereinsteiger-Option; diese kann von Interessierten wahrgenommen werden, die bereits einen Berufsabschluss in einem anderen Beruf haben und genügend Praxisdauer in der Schafhaltung nachweisen können.

Eine typische Körperhaltung unserer Border Collies.

Einsatzanforderungen für Koppelgebrauchshunde (KGH)

Die Arbeitsweise und die Anforderungen, die unsere Hunde für den Koppelschäfer verrichten müssen, sind – im Vergleich zum Hüteschäfer – deutlich anders geartet. Meist sind es kurze Arbeitseinsätze, die eine besonders gute Führigkeit der Hunde voraussetzen. Nutztiere sind teilweise aus großer Entfernung selbstständig oder mit relativ wenig Anleitung einzutreiben. Auch für Arbeiten auf engem Raum – im Stall, am Pferch oder bei der Schafschur – sind HH gefragte Helfer. Für den Koppelschäfer kommen unsere Bogenläufer (BoL) meist bevorzugt zum Einsatz.

Der Einsatz der Bogenläufer ist sehr vielseitig. Sie können bei den unterschiedlichsten Nutztieren verwendet werden und dabei sowohl Einzeltiere als auch Herden von mehreren hundert Tieren bewegen. Eine Besonderheit der typischen Bogenläufer, wie sie z.B. der Border Collie zeigt, ist die angespannte Körperhaltung in Verbindung mit dem Anstarren der Tiere. Wir kennen das auch vom Jagdverhalten unserer Katzen, Füchse und natürlich dem Wolf als Ahnherr unserer Hunde. Der Fachausdruck hierfür ist „Augezeigen", engl. „eye". Dieses Anstarren ist ein Instinkt,

Ein Teil der Herde muss von den übrigen Tieren gezielt abgetrennt werden.

der nicht nur bei unseren Hütehunden zu sehen ist. Bei Hundebegegnungen, egal welcher Rassen, ist es eine Art von Drohgeste oder auch ein Einschüchterungsversuch dem anderen gegenüber.

Ein gut ausgebildeter KGH sollte bei Erteilung entsprechender Kommandos (Wort oder Pfiff) folgendes ausführen können:

- die Herde links oder rechts kreisförmig oder in Segmenten umrunden
- die Herde dem Hirten möglichst schonend zutreiben
- die Herde vom Hirten, auch auf größere Entfernung, wegtreiben
- einen Teil der Herde oder auch Einzeltiere von den übrigen Tieren abtrennen
- von einem Teil der Herde ablassen, um weitere Tiere einzuholen
- die Herde mit einem Minimum an Kommandos unter Kontrolle halten
- von der Herde unmittelbar nach Aufforderung ablassen und zum Hirten zurückkommen

Grundkommandos für den Bogenläufer: (Abb. 13)

- **Rechts**
- **Links**
- **Stopp**
- **Gerade**

Auch hier gibt es natürlich noch eine Reihe weiterer Hilfskommandos, die für die Arbeitserledigung nützlich sind. Der Aufwand für die Ausbildung richtet sich nach den Ansprüchen und Aufgabenstellungen, die für die jeweiligen Betriebsabläufe benötigt werden. Übliche Kommandos wie Lob, „Komm", „Langsam", „Bleib", „Spring", „Zurück", „Fertig", „Geh ins Auto" und je nach Bedarf noch einiges mehr sind auch für den KGH mehr oder weniger der Standard.

Bogenlaufen

Damit die Schafe schonend getrieben werden, ist die Fähigkeit, Tiere möglichst weiträumig zu umrunden, eine Spezialität unserer Koppelgebrauchshunde (KGH). Das Umrunden der Schafe ist eine vorwiegend genetisch bedingte Besonderheit bestimmter Hütehunde. Aus dieser Aufgabenstellung, im Bogen um die Nutztiere zu laufen, leite ich den Fachausdruck **Bogenläufer (BoL)** ab. Nochmals zur Erinnerung: Der Hüteschäfer braucht im Gegensatz dazu einen Hund, der gerade aufs Vieh zugeht und zuverlässig in der Furche arbeitet, den ich deshalb eben als FuG bezeichne.

Dieses natürliche Bogenlaufverhalten, die Tiere relativ weiträumig zu umrunden, gründet meiner Meinung nach in der angezüchteten Feinfühlig-

Unser Rob, ein typischer Kurzhaar-Border Collie.

keit der Hunde. Ein Wesensmerkmal, das bei den Sensiblen besonders gut verankert ist. Der Macher dagegen versucht, möglichst schnell an seine Beute zu kommen. Der Sensible ist etwas vorsichtiger und kreist sie erst einmal im gehörigen Abstand ein, bevor er weiß, was seine Jagdbeute an Überraschungen zu bieten hat. Ich habe schon einige Hunde erlebt, die die Herde ohne jegliche Ausbildung auf Anhieb im Bogenlauf umrundet und dem Hirten zugetrieben haben. Das heißt aber nicht, dass man das als guter Ausbilder auch erlauben sollte. Der zuverlässige Stopp könnte dadurch vernachlässigt werden.

Dazu fällt mir eine Geschichte ein, die ich und meine Familie mit unserer ersten Border Collie-Hündin Jane bei ihrem Erstkontakt mit Schafen erlebt haben – ein Schlüsselerlebnis also. Zum Kauf sind wir nach England gereist und hatten bereits am ersten Tag nach Ankunft die damals 11 Monate alte Jane für uns erkoren. Meine englische Schwägerin hatte im Vorfeld bereits einige Hunde ausfindig gemacht, die ihrer Kenntnis nach für uns passend sein könnten. Zum Kennenlernen gab es reichlich Spaziergänge an der Leine, wie man das mit einem neuen Hund eben so macht. Am Tag vor unserer Rückreise haben wir einen Familienausflug mit Schwägerin, Kindern und Hund zu einer nahegelegenen Burgruine gemacht. Da mir versichert wurde, dass das Gelände um die Burg eingezäunt ist, habe ich mich das erste Mal getraut, Jane von der Leine zu lassen. Kaum war sie frei, schoss sie mit höchster Beschleunigung los und war für eine Weile verschwunden. Ein herber Schlag für uns alle. Ich befürchtete ernsthaft, dass sie nicht wieder zurückkommen würde.

Es dauerte aber nur ein paar Minuten, bis etwa 30 Schafe im Laufschritt auf uns zutrabten, angetrieben von Jane. Die umstehenden einheimischen Burgbesucher registrierten diesen Vorfall natürlich auch. Es waren keine freundlichen Bemerkungen, die sie diesen unmöglichen Deutschen entgegenbrachten. Schafe mit fremden Hunden zu hetzen ist dort eine Todsünde (bei uns eigentlich auch). Hunde, die Schafe unerlaubterweise treiben, dürfen in Großbritannien vom Schäfer abgeschossen werden – diese schlecht verhüllte Drohung bekam ich, an Deutlichkeit nicht zu überbieten, an den Kopf geworfen. Wir hatten nicht gewusst, dass auf dieser Fläche Schafe heimisch waren. Wenn doch, hätte ich trotzdem niemals mit einer derartigen Reaktion eines ungelernten Hundes gerechnet.

Jane wusste natürlich bei Betreten des Geländes sofort, dass – unsichtbar für uns Menschen – im hintersten Winkel des Geländes Schafe standen. Das Problem nach dieser Treibaktion war, Jane wieder einzufangen. Sie wollte einfach nicht damit aufhören, die Schafe weiter zu bearbeiten. Mit vereinten Kräften und wütenden Worten der übrigen Burgbesucher haben wir es dann doch irgendwie geschafft. Damals war mir aber noch nicht bewusst, dass unsere Jane – die Stammmutter unserer zukünftigen Border-Zucht – ein unglaublich guter Hütehund war. Das Glück des Anfängers eben.

Im englischen Sprachgebrauch wird für diese Bogenläufer auch der Begriff „Collecting Style Dogs" verwendet. Dieser bogenförmige Lauf aufs Feld mit dem Ziel, die Tiere zusammenzutreiben, wird bei uns als **Suchlauf** bezeichnet. Auch hier gibt es – wie bei den Furchengängern auch – natürlich veranlagte Spezialisten. Wenn man weiß, dass ein bestimmter Hund kein hervorragender BoL ist, kann diese Anlagenschwäche teilweise mit einer entsprechenden Ausbildung kompensiert werden. Bekanntlich sind die meisten Border Collies derartige Spezialisten. Es gibt aber auch innerhalb dieser Rasse Hunde, die mehr oder weniger gerne gerade auf das Vieh zulaufen. Die Rassezugehörigkeit allein ist also nicht ausschlaggebend. Die herausragenden Hüter sind meist Hunde, die relativ feinfühlig veranlagt sind. Ich möchte behaupten, dass solche Individuen bei fast allen Hütehunderassen zu finden sind. Dieses plötzliche Ausweichen, um im Bogen um Nutzvieh zu laufen, ist Teil der natürlich vorhandenen Jagdsequenz, die bei vielen HH immer noch vorhanden ist.

Die meisten der Britischen Hütehunde werden für das Bogenlaufen ausgebildet. Ich hatte auch schon Altdeutsche im Hüteseminar, die relativ

Bogenlauf (Abb. 14):
Der birnenförmige Suchlauf ist der ideale Weg, um Nutzvieh einzuholen. Bei manchen Bogenläufern kann es eine angeborene Fähigkeit sein. Wenn nicht, muss entsprechend ausgebildet werden, um eine optimale Umrundungsdistanz auch auf größere Entfernung zu gewährleisten.

Ein Balanceakt von höchstem Schwierigkeitsgrad, hier natürlich nicht in Verbindung mit der Hütearbeit.

gut zum Bogenlaufen gebracht werden konnten. Ich denke, dass diese Fähigkeit zum Bogenlaufen auch bei einigen der inzwischen vom Aussterben bedrohten HH-Rassen züchterisch gefördert werden könnte. Der Bedarf an Koppelgebrauchshunden ist nun einmal zunehmend vorhanden. Warum sollten dann nicht auch unsere heimischen HH züchterisch entsprechend beeinflusst werden?

Balancieren und Treiben

Damit der Hund die Schafe möglichst geradlinig auf den Rudelführer/Hirten zu treiben kann, muss er in der Lage sein, Ausbruchsversuche der Schafe auszubalancieren. Das ist eine natürliche Reaktion, die mit Sicherheit auch im Wolfsrudel für eine erfolgreiche Jagd vorhanden sein muss.

Im Hundesportbereich kommen alle möglichen Balancetricks zum Einsatz, zu denen unsere HH besonders geeignet sind. Da gibt es dann Klettertouren und Balanceakte, die das Körpergefühl des Hundes schulen sollen. Auch wird ihnen beigebracht, Gegenstände auf dem Nasenrücken zu balancieren und vieles mehr. All das soll helfen, die Kondition und das Selbstvertrauen des Hundes zu stärken und natürlich auch die Bindung zwischen Mensch und Hund zu verbessern.

Beim Hüten haben wir natürlich wieder ganz andere Fertigkeiten im Sinn, wenn wir vom Balancieren sprechen. Feinfühlige BoL werden diese Fähigkeit mehr oder weniger auf Anhieb zeigen. Wenn nicht, dann handelt es sich um einen Hund, der mehr in Richtung Treibhund oder gar Schutzhund geht. Die Fähigkeit, die Bewegungen anderer Tiere auszubalancieren, ist nicht nur bei den BoL zu beobachten. Selbst der FuG zeigt eine gewisse Balance-Eignung, wenn er

Der Hund wartet auf ein Kommando, um die Schafe einzuholen.

in der Furche seine Wehrtätigkeit ausbalanciert, um immer dort zu sein, wo er am effektivsten arbeiten kann; oder wenn er seine Arbeitsgeschwindigkeit so einteilt, dass er die Schafe möglichst wenig beunruhigt und trotzdem immer zur Stelle ist, wenn er gebraucht wird.

Unter Balancieren im Hütebereich verstehen wir verschiedene Dinge: Einmal die Fähigkeit, durch Flankieren die Bewegungsrichtung der Nutztiere zu beeinflussen. Außerdem ist die Geschwindigkeit des Treibvorgangs auf ein tierschonendes Maß einzustellen. Und dann sind es auch weitere, selbstständig eingeleitete Aktionen, in denen es gilt, sich im richtigen Verhältnis einzubringen. Das gilt auch für den Einsatz der Zähne des Hundes; also nicht mehr als notwendig und doch heftig genug, um respektiert zu werden. Dies alles sind Fähigkeiten, die einen relativ feinfühligen Hund mit einer guten Portion Denkeranteil voraussetzen – Eigenheiten eben, die einen guten Hütehund ausmachen und auch außerhalb der Hütearbeit von den meisten Menschen besonders geschätzt werden.

Bei all den natürlichen Balancefähigkeiten unserer HH müssen wir natürlich größten Wert darauf legen, dass ihre Aktionen auch kontrollierbar sind. Dafür gibt es die verschiedenen Richtungskommandos, die ihnen angelernt werden müssen. Hier möchte ich auf **Abb. 13** und die vier Grundkommandos verweisen: Rechts, Links, Stopp und Gerade. Die Flankierkommandos sind am besten mit der Zifferblattmethode erklärbar. Jede Ortsveränderung des Hundes im Uhrzeigersinn entspricht dem Kommando „Links", gegen den Uhrzeigersinn dann dem Kommando „Rechts". Wichtig zu beachten ist, dass diese Flankierbewegungen immer in Laufrichtung des Hundes gesehen werden müssen.

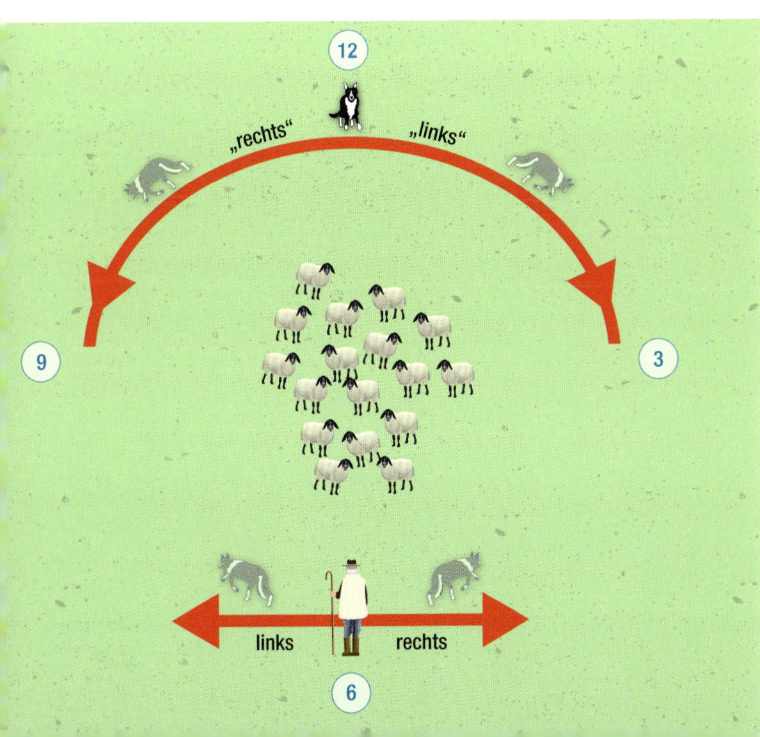

Zifferblattmethode (Abb. 15): *Die Flankieranforderungen des Hundes können mit der Zifferblattmethode verstanden werden. Steht der Schäfer vor den Schafen auf der „6-Uhr-Position" und befindet sich der Hund gegenüber, dann bezeichnet man das als „12-Uhr-Position". Jede Ortsveränderung des Hundes im Uhrzeigersinn entspricht einer „Linksbewegung" und gegen den Uhrzeigersinn einer „Rechtsbewegung".*

„Stopp“ heißt hier schlicht und einfach, den Hund in jeder Position sicher zum Anhalten bringen zu können. Ob das als Sitz, Platz oder Steh zu verstehen ist, wird von Schäfer zu Schäfer unterschiedlich gehandhabt. Das „Steh“ wird vom Hüteschäfer bevorzugt, da er den Hund so besser sehen kann. Das „Platz“ wird eher bei unseren spritzigen Bogenläufern verwendet – ein Kommando, mit dem sie relativ sicher zum Anhalten gebracht werden können. Bei Hundeführern, die es weniger genau nehmen, wird auch schon einmal das „Sitz“ akzeptiert. Auf mich wirkt das ein wenig träge, was aber nicht unbedingt schlecht sein muss. Körperlich faulen Menschen attestiert man ja auch, dass sie bessere Denker sind. Ob das bei unseren Hunden genauso ist?

„Gerade“ bedeutet, der Hund muss aus jeder Position durch Kommandos in Richtung Schafherde oder auch zu Einzeltieren dirigiert werden können. Beim Hertreiben ist das eine natürliche Aktion für den Hund. Er treibt seine Beute dem Rudelführer zu. Für das Wegtreiben muss dem Hund durch entsprechende Ausbildungsarbeit erst einmal klar gemacht werden, dass dies vom Rudelführer auch so gewollt ist. „Alarm! Der Boss lässt unsere Beute entkommen!“, interpretiert der Hund anfangs diese für ihn unverständliche Aktion. Wenn er gelernt hat, die Schafe vom Hirten wegzutreiben, kann man davon ausgehen, dass er eine vollwertige Hilfskraft für den Schäfer darstellt. Eine weitere Herausforderung ist das sogenannte „Quertreiben“. Dem Hund muss dabei verständlich gemacht werden, dass sein Rudelführer auch Treiben in alle möglichen Himmelsrichtungen von ihm verlangen kann. Quertreiben wird bei Hütewettbewerben relativ hoch bewertet, da es eine der schwierigsten Anforderungen an den Hund ist.

Das Treiben hinter den Schafen, so wie es in der Koppelarbeit in der Regel vom HH verlangt wird.

„Schau zurück und hole eine weitere Gruppe von Tieren, die sich noch irgendwo auf dem Feld befindet!“ Hierfür wird ein „Schau zurück“-Kommando (englisch „look back“) benötigt. Der Hund soll dabei nach Aufforderung seine momentane Tätigkeit unterbrechen – zum Beispiel das Zutreiben von Tieren auf den Hirten – sich umdrehen, nach anderen Tieren Ausschau halten und sie ebenfalls zum Hirten bringen. Eine nützliche Fertigkeit, die im Hütealltag immer wieder gebraucht wird.

Abtrennen

Einzelne Tiere von der Herde abzutrennen ist bei fast allen Hunden eine instinktiv vorhandene Fähigkeit. Es handelt sich dabei um eine ursprüngliche Jagdtechnik des Wolfsrudels. Ein Beutetier wird in Zusammenarbeit mit den Rudelgefährten abgetrennt, um dann ergriffen werden zu können. Die Wendigkeit und Spurtfreudigkeit unserer Koppelgebrauchshunde eignen sich besonders für diese Aufgabe.

Wenn wir vom Abtrennen bestimmter Tiere sprechen, wird das von Laien meist als höchste Hüteleistung verstanden. Immer wieder stellt sich die Frage, wie man den Hund dazu bringen kann, ein bestimmtes Tier abzusondern. Wie kann man ihm vermitteln, dass es gerade dieses Tier sein muss und kein anderes? Im Alltagsgeschehen soll der Hund die Herde zusammenhalten, darf unaufgefordert nicht durch die Herde laufen und schon gar nicht Tiere absondern. Beim Abtrennen von Tieren, egal welcher Gattung, müssen wir gerade das von unserem Hund fordern. Das ist aber in der Regel nur in engster Zusammenarbeit mit dem Hirten möglich.

Wenn der Hund für alle übrigen Anforderungen gut ausgebildet wurde, ist das eigentlich für die meisten unserer KGH eine durchaus lösbare Aufgabe. Der Hund wird dabei auf die gegenüberliegende Seite in die 12-Uhr-Position gebracht. Hirte und Hund bewegen sich langsam auf die Herde zu. Sobald eine Lücke zwischen den Tieren ersichtlich bzw. geschaffen ist, wird der Hund herangerufen, um die Herde zu teilen. Jetzt muss er den gewünschten Teil der abgetrennten Tiere kontrollieren und vom Rest der Herde wegtreiben. Diese Aufgabe verlangt ein hohes Maß an Geduld und Geschick, um auch die richtigen Tiere von den übrigen zu trennen. Soll ein Einzeltier abgesondert werden, kann es durchaus sein, dass dieser Vorgang mehrmals wiederholt werden muss – so lange, bis die Gruppe, in der sich dieses Tier befindet, immer kleiner geworden ist und schließlich das ausgewählte Tier übrig bleibt. Ein Einzeltier von der Herde abzusondern ist wesentlich anspruchsvoller als eine größere Gruppe zu selektieren. Dazu muss der Hund sehr beweglich und reaktionsschnell sein. Aus meiner Erfahrung sind es vor allem die „Lurcher"-Typen, die dieser Aufgabe besonders gewachsen sind.

Abtrennen von Schafen in Zusammenarbeit mit dem Schäfer.

Ein **Lurcher** ist eine Gebrauchskreuzung aus einem Windhund (meist Whippet oder Greyhound) mit einer anderen Rasse, in unserem Fall eben einem Hütehund. Betrachtet man Körperbau und Beweglichkeit bestimmter kurzhaariger Hütehunde, so kann man davon ausgehen, dass irgendwo in der Vergangenheit ein Windhund als Vorfahre mit im Spiel war. Der Lurcher ist besonders in Großbritannien bekannt. Sein Name leitet sich aus der alten Diebessprache ab: „Lurch" bedeutet so viel wie „Dieb". Er wurde besonders im Mittelalter von den „kleinen Leuten" illegalerweise für die Wilderei eingesetzt. Reinrassige Windhunde durfte nur der Adel besitzen. Damit die Hunde eben nicht wie Rassehunde aussahen, hat man sie mit anderen Hunden gekreuzt und dabei trotzdem ihre Jagdeignung erhalten.

In diesem Zusammenhang erinnere ich mich an eine Begebenheit, die man vielleicht in die Kategorie Schäferlatein einzuordnen geneigt ist; sie ist aber wahr.

Bei uns war Lammzeit und die Schafe waren in Hofnähe, damit sie leichter beaufsichtigt werden konnten. Eine Erstlingsmutter hatte gerade gelammt. Sie war etwas nervös und ich wollte sie vorübergehend in den Stall bringen, damit sie sich an ihr Neugeborenes gewöhnen konnte. Wenn die Schafe auf der Weide lammen, habe ich immer einen passenden Hund dabei, der hilft, Mütter und Lämmer zu sortieren, zu kennzeichnen und weiterzuversorgen. An diesem Tag war Mirk bei mir, ein besonders talentierter Hund für Trennarbeiten.

Wenn man Mütter mit neugeborenen Lämmern absondern will, zieht man das Kleine auf dem Boden schleifend in die Richtung, in die man die beiden haben will. Würde man das Lamm tragen, verlöre die Mutter den Geruch und liefe wieder dahin zurück, wo sie geboren hat. Das Schleifen über den Boden wird von unkundigen Außenstehenden als Tierquälerei angesehen, ist in der Praxis aber die einzige Möglichkeit, die Mutter zum Nachfolgen zu bringen.

In unserem Fall hatte ich Mutter und Lamm bereits von der Herde getrennt. Mirk war ohne eigenes Kommando bereits im Treibmodus hinter dem Schaf. Das Schaf, gerade noch gehorsam, überlegte es sich plötzlich anders, sprang kurzerhand über Mirk und flüchtete zurück in die Herde. Mirk folgte auf dem Fuß – und beide waren im nächsten Augenblick in der kompakt stehenden Herde von etwa 300 Schafen verschwunden, als hätte es sie nie gegeben. Ich war sicher, der Hund käme jeden Moment zwischen den wolligen

Ein starker Hund wird alleine durch Anstarren das Schaf zum Nachgeben bringen.

Traditionelle Schäferstöcke, so wie sie in Großbritannien Verwendung finden.

Leibern hervor, voller schlechtem Gewissen über sein Versagen. Doch weit gefehlt: es dauerte nicht lange, bis stattdessen das Schaf wieder zum Vorschein kam – dicht gefolgt von Mirk, der es mir diesmal zuverlässig bis in den Stall trieb. Eine Leistung, die man nur von ganz besonderen Hunden erwarten kann. Es ist mir bis heute ein Rätsel, wie er es schaffte, dieses Einzeltier zwischen all den Schafen im Auge zu behalten und aus dem dichten Gedränge zielgerichtet herauszutreiben. Ein verdammt guter Hund eben, würde man in Schäferkreisen sagen.

Zusammenfassend zum Thema Koppelgebrauchshunde (KGH) sollte man wissen, dass besonders sensibel veranlagte Hunde, egal welcher Rasse, für die Ausbildung zum Bogenläufer in Betracht gezogen werden können. Die Frage ist nur, ob der zusätzliche Ausbildungsaufwand für bestimmte Rassen nicht doch zu hoch ist. Obwohl ein Teil der für den Bogenlauf gezüchteten Hunde eine absolute Beißhemmung hat, ist der Griff auch bei ihnen in bestimmten Fällen eine Notwendigkeit. Nutzvieh wird aber vielfach alleine durch die Intensität der Ausstrahlung der meisten dieser Hunde in Bewegung gebracht.

Hütewettbewerbe

Wie auch bei den Herdengebrauchshunden gibt es in Anlehnung an die Koppelgebrauchsarbeit Hütewettbewerbe, die mit unterschiedlichen Schwierigkeitsgraden angeboten werden. Da das Ausbildungs- und Wettbewerbssystem für unsere KGH vorwiegend von unseren britischen Schäferkollegen übernommen wurde, spricht man hier in Deutschland von **„Sheep dog trials“** mit der Abkürzung „Trials“. Je nach Schwierigkeitsgrad kann mit einem oder zwei Hunden gearbeitet werden. Die Anforderungen sind den Aufgabengebieten angepasst, wie sie in der Koppelarbeit benötigt werden. Einholen, Treiben, Abtrennen und Einpferchen sind die Hauptinhalte dieser Wettbewerbe. Bei uns werden inzwischen drei Klassen (I, II und III) angeboten. Dabei müssen die Weidetiere in Klasse II und III aus relativ weiter Entfernung (bis 800 Meter bei III) eingeholt und über einen festgelegten Parcours getrieben werden. In Klasse II und III darf der Hundeführer (HF) nur bei bestimmten Anforderungen seinen Platz am Startpfosten verlassen. Beim Öffnen und Schließen des Pferches und beim Abtrennen von Tieren kann der HF aktiv mithelfen, ansonsten aber müssen die Tiere ausschließlich vom Hund – mit Hilfe von Kommandos – über den Parcours gebracht werden.

Inzwischen gibt es auch bei uns ein breites Angebot an Wettbewerben – beginnend bei kleineren, privaten Veranstaltungen über Landeswettbewerbe bis hin zu Europa- und Weltmeisterschaften. Es müssen nicht immer Schafe sein, die getrieben werden. Teilweise wird auch mit anderen Tierarten wie mit Rindern oder Ziegen gearbeitet. Das Gemeinsame derartiger Wettbewerbe ist das Treiben von Nutzvieh über einen vorher festgelegten Parcours, der in der Regel mit dem Einpferchen oder dem Verladen der Tiere abgeschlossen wird. Es gibt ein Zeitlimit und eine maximal mögliche Punktzahl. Einzelne Abschnitte werden separat bewertet; für Fehler gibt es Punktabzug. Die Schwierigkeit von Klasse II und III ist, dass mit einer geringen Anzahl von Schafen gearbeitet wird (für den Laien: Dreihundert Schafe sind aus größerer Entfernung leichter einzuholen als drei). Außerdem sollen die Tiere möglichst geradlinig von A nach B getrieben werden. Besonders in den anspruchsvolleren Wettbewerben werden kleinste Abweichungen von der Linie mit Punktabzug bewertet, so dass bereits ein minimaler Richtungsfehler über Sieg und Niederlage entscheiden kann. Um zu gewinnen braucht man bestens ausgebildete Hunde, die auch vom Wesen her relativ führig und feinfühlig sind. Außerdem muss der erfolgreiche Hundeführer in der Lage sein, die individuellen Eigenheiten der Tiere in seine Arbeit miteinzubeziehen. Er muss Hund und Schafe „lesen“ können. Das heißt, er muss proaktiv agieren und aufgrund ihres Verhaltens ihr nächstes Vorhaben treffsicher einschätzen können, um ein Kommando rechtzeitig zu erteilen – bestenfalls schon, bevor es Außenstehende als notwendig erachten würden. Er muss alle Rahmenbedingungen miteinbeziehen, angefangen bei der Entfernung – der Schall braucht Zeit, um beim Hund anzukommen – bis zur Reaktionszeit des Hundes. Ist der HF nicht in der Lage, entsprechend vorauszudenken, so findet er sich in der Regel auch nicht auf den vorderen Plätzen der Rangliste.

Koppelgebrauchshundeprüfung

Wie auch das bereits beschriebene Leistungshüten oder Lehrhüten ist das nachfolgende Beispiel eine Leistungsanforderung, die in Bayern im Rahmen der Berufsausbildung zum Tierwirt, Fachrichtung Schafe, von den Lehrlingen verlangt wird. Es handelt sich dabei um eine überbetriebliche Ausbildungsmaßnahme bzw. Hüteprüfung. Die Auszubildenden/Prüflinge sollen während des Hütens zeigen, ob sie ihre Hunde optimal ausgebildet haben und wie gut sie mit den Schafen umgehen können. Die Bewertung von Schäfer und Hund erfolgt in Anlehnung an Vorgaben, wie sie für Hütewettbewerbe (Trials) teilweise üblich sind. Es kann mit einem oder zwei Hunden gearbeitet werden.

Die Koppelgebrauchshundeprüfung ist dem Arbeitsablauf eines Koppelschäfers nachempfunden. Inzwischen bieten verschiedene Organisationen und Gruppierungen entsprechende Prüfungen an. Bei Zuchtorganisationen ist das Bestehen teilweise Voraussetzung dafür, eine Zuchterlaubnis zu bekommen. Beim Club für Britische Hütehunde nennt sich das „Herding Working Test (HWT)“. Andere Organisationen im In- und Ausland haben ähnliche Hüteprüfungen für ihre Arbeitslinien im Angebot. In Bayern ist die Koppelgebrauchshundeprüfung ein Teil der Schäferprüfung, der vor allem den Koppelschäfern angeboten wird. Eine recht neue Möglichkeit, den Schäferberuf zu erlernen. Früher gab es nur das Leistungshüten, welches das traditionelle Arbeiten des Hüteschäfers abbilden sollte. Für dieses Buch habe ich die Beschreibung der bayerischen Hüteprüfung mit der Intention gewählt, eine Verständlichkeit der Thematik „Koppelhaltung" auch für den Nichtfachmann zu erreichen.

Allgemeines: Die für die Prüfung vorgesehene Schafsgruppe muss aus mindestens zehn Tieren bestehen, die je nach Bedarf ausgetauscht werden können. Bei der Zusammenstellung der einzelnen Tiergruppen ist darauf zu achten, dass kein Teilnehmer benachteiligt wird. Die Schafe sollen aus einer Herde stammen, die an Hunde gewöhnt und entsprechend fit ist. Es muss eine ausreichende Anzahl von Schafen für die Prüfung bereitstehen, damit die Schafe nicht zu oft eingesetzt werden müssen oder unnötig unter Druck geraten. Auch müssen die teilnehmenden Hunde gesund und leistungsfähig sein – eigentlich eine Selbstverständlichkeit.

Dieses intensive Anstarren ist eine typische Körperhaltung, so wie sie von einem guten KGH vielfach zu sehen ist.

In folgender Tabelle habe ich zur Verdeutlichung die einzelnen Aufgabenstellungen mit Nummern versehen.

Leistungsbewertung: (Abb. 16)		
		max. Punktzahl
1	Übernahme	4
2	Auspferchen	7
3	Stopp	5
4	Tor	4
5	Brücke	10
6	Treiben	15
7	Pferch	8
8	Einholen	15
9	Fangen	5
10	Trichtern	12
11	Eintrieb	10
12	Kommandofestigkeit	5
	Summe	**100**

Die Noten werden wie folgt vergeben: 1 = 100–92; 2 = 91–81; 3 = 80–66; 4 = 65–50; 5 = 49–30; 6 = < 30

Um den Prüfungsablauf verständlich zu machen, werde ich dich, lieber Leser, jetzt so ansprechen, als würdest du zusammen mit deinem Hütehund an der Prüfung teilnehmen. Nach dem Motto „Sag niemals nie" könnte für den einen oder anderen dieser Fall – die

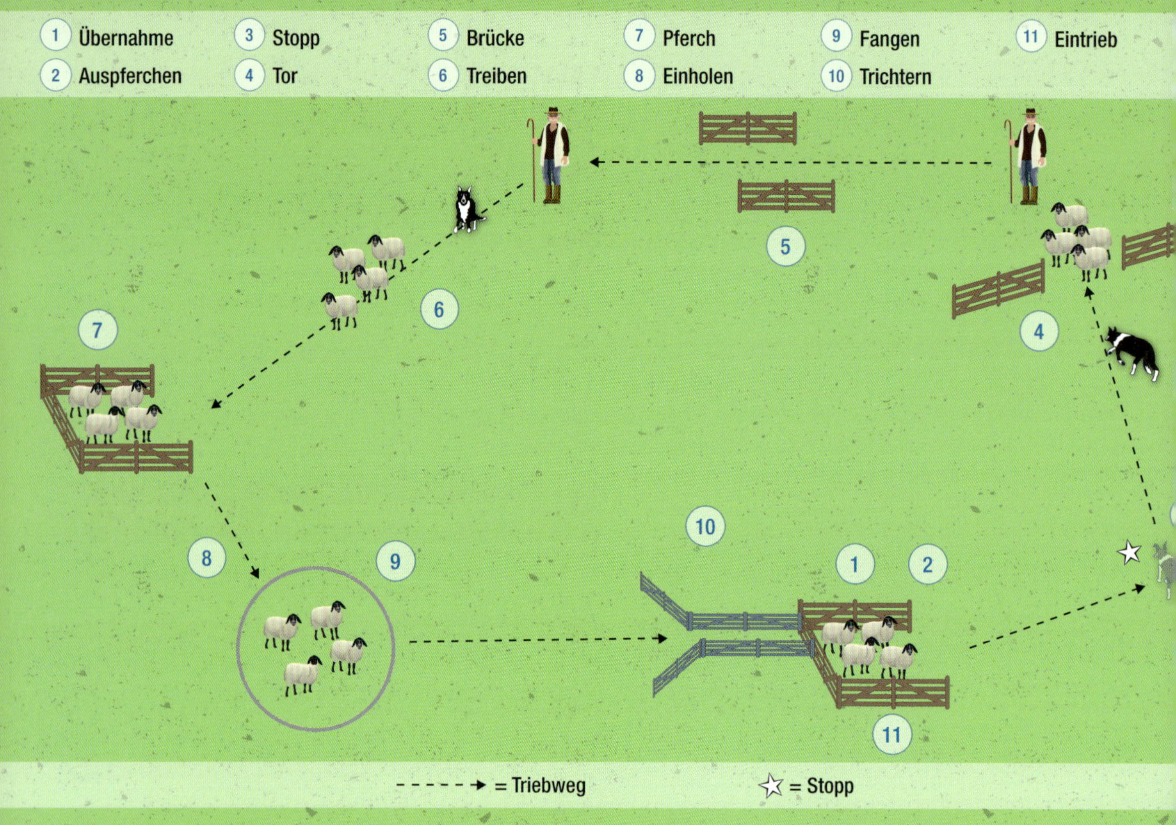

Parcours für die Koppelgebrauchshundeprüfung (Abb. 17):
Die Aufgabenstellung ist den Arbeitsanforderungen eines Koppelschäfers nachempfunden. Die Ausgestaltung der Anforderungen wird von dem jeweiligen Veranstalter festgelegt. Da relativ kleine Tiergruppen bewegt werden, müssen die Tiere aus einer Herde selektiert werden die Hunde gewöhnt sind.
Bewertet werden:
Die Fähigkeit des Teilnehmers Herdentiere möglichst effektiv und tierschonend zu bewegen, wobei auf eine harmonische Mensch-Tier-Kommunikation besonders geachtet wird.
Die Arbeitsweise und die Kommandofestigkeit des Hundes bei gleichzeitiger Demonstration entsprechender Rechts-Links-Sicherheit der Flankierkommandos.

Teilnahme an einer Koppelgebrauchshundeprüfung – tatsächlich Wirklichkeit werden. Wenn nicht, dann eben jetzt und hier und virtuell. Das ist mein Vorschlag, denn du und dein HH könnten diese Prüfung bei entsprechendem Training auch schaffen! Ist es nicht so?

Tatsächlich möchte ich dadurch vor allem erreichen, dass die Leistungsfähigkeit unserer Hunde und der Alltag in der Koppelhaltung verständlich werden. Auch fällt mir so die Erklärung der Prüfungsanforderungen leichter, da es der Art und Weise entspricht, wie ich Prüflinge vor der Prüfung und natürlich auch in Seminaren auf diese Aufgabe vorbereite. Eins noch vorweg: Immer, wenn du an einem Hindernis vorbei bist, egal ob gut oder schlecht gemeistert, gibt es **kein Zurück!** Die Punkte für dieses Hindernis sind vergeben und du kannst nichts mehr gutmachen – höchstens noch weitere Punkte verlieren. In Bezug auf Hundeeignung: Wenn du die Wahl zwischen verschiedenen Hunden haben solltest, dann wähle den ruhigsten, der sich leicht stoppen lässt. Ein Hektiker und Draufgänger könnte für deine Nerven und vor allem für dein Abschneiden in der Prüfung nicht unbedingt vorteilhaft sein. Wir hatten aber auch schon Hunde in der Prüfung, die derart ruhig waren, dass bei ihnen der Hütetrieb nicht ausreichte, um die Schafe über den Parcours zu bringen. Dann ist leider die Prüfung auch nicht bestanden!

1. Übernahme: Der Schäfer geht zusammen mit seinem Hund zu den eingepferchten Schafen. Er macht sich vertraut mit den Tieren und der Technik der Anlage – so die Prüfungsanforderung. Als Berater würde ich dir aber empfehlen, eine Reihe von Überlegungen anzustellen, bevor du überhaupt das Gelände betrittst.

Als erstes solltest du dir Gedanken machen, wie der Ausbildungsstand deines Hundes ist. Bei der täglichen Arbeit an der eigenen Herde haben sich eventuell einige Nachlässigkeiten eingeschlichen, die bei einer Prüfung nichts zu suchen haben. Auf dem eigenen Hof und an den immer gleichen Tieren läuft so manches stereotyp ab, ohne dass dabei auf das optimale Befolgen deiner Befehle geachtet wird. Der Hund weiß ja, was er machen soll, die Schafe ebenfalls, und du bist zufrieden damit, wie alles so läuft. Doch nun sind es andere Schafe und eine andere Umgebung – und schon können deine Hüteversuche im Chaos enden. Also solltest du rechtzeitig genügend Training ohne allzu viel Zeitdruck einplanen und auch einmal mit dem Hund bei einem Kollegen arbeiten, um Auswärtserfahrung zu sammeln. Alles, was deinen Hund zum sicheren Partner bei der Prüfung macht, ist willkommen. Meist wird dann kurz vor der Prüfung noch sehr intensiv trainiert. Auch hier musst du aufpassen: Bei einem übertrainierten Hund haben sich Stresshormone aufgestaut, die dann die Prüfung nicht unbedingt einfacher machen.

Jetzt gilt es zu überlegen, wie du und dein Hund dort auftreten werdet. Der Hund ist bitte sauber und ansehnlich, auch wenn er dafür zum ersten Mal im Leben gebürstet werden muss. Lass ihn vorher laufen, damit er sein Geschäft verrichten kann. Außerdem musst du natürlich auch an dein eigenes Aussehen denken. Gibt es eine vorgegebene Kleiderordnung oder kannst du frei entscheiden? Persönlich bin ich für letzteres, die Prüfungskommission könnte das aber anders sehen. Meine Einstellung gründet sich auf den Gewöhnungseffekt der Tiere: Welche Kleidung trägst du im täglichen Arbeitsalltag mit deinen Hunden? Wenn sie an den Schäfermantel gewöhnt sind, dann ist das die richtige Kleidung für dich. Trägst du diese dunklen bayerischen Staubmäntel oder auch Regenmäntel im Alltag nicht, werden deine Hunde einem verhüllten Herrn in der Prüfung weniger willig folgen. Außerdem solltest du den Geruchssinn der Schafe, auch wenn es sich um fremde Tiere handelt, nicht aus den Augen verlie-

Nimm dir genügend Zeit, um Mensch, Hund und Schafe miteinander vertraut zu machen.

ren. Parfüm und Körpersprays, auch dezent aufgetragen, sind nichts, was Schafe begeistert. Weiterhin solltest du Lockruf und Stimmlage des Schäfers kennen, der normalerweise mit ihnen arbeitet. Deine Maxime muss sein, dass du von den Schafen möglichst schnell als Leittier akzeptiert wirst. Dann werden sie dir problemlos folgen – und die halbe Prüfung ist schon bestanden.

In Bayern musst du vor der Prüfung noch einiges an Papierkram erledigen, den Impfpass des Hundes vorlegen und auch eine schriftliche Arbeitsgliederung anfertigen. Darin erklärst du mit wenigen Worten, worauf du achten wirst und wie du dir eine tierschonende Arbeitsweise vorstellst. Auch könntest du auf die Eigenheiten deines Hütehundes aufmerksam machen und beschreiben, wie du damit umzugehen planst.

Erst wenn du dir all das im Vorfeld erarbeitet hast, bist du bereit, das Prüfungsgelände mit einem guten Gefühl zu betreten – denn jetzt bist du wirklich optimal vorbereitet. Du gehst langsam auf die Schafe zu, sprichst beruhigend mit ihnen und wartest ab, bis sie sich an dich und deinen Hund gewöhnt haben. Denke daran, dass der neue Hund erst einmal ein Feind für die Schafe ist. Deshalb halte ihn auf Abstand und platziere ihn so, dass er möglichst wenig Druck ausüben und trotzdem rechtzeitig zur Stelle sein kann, sobald er gebraucht wird. Meist ist das eine Stelle zwischen Pferch und Stopp, etwa 20 bis 30 m von der gedachten Linie entfernt.

Zugegeben, das war eine lange Einleitung für diesen kleinen Abschnitt der Prüfung, der nur mit 4 Punkten bewertet wird. Das wird bei den anderen Herausforderungen nicht mehr nötig sein, so hoffe ich wenigstens. Trotzdem war es vielleicht der wichtigste Abschnitt, denn die ersten Momente mit den Tieren werden den weiteren Verlauf der Prüfung maßgeblich beeinflussen und können es dir leicht oder schwer machen.

2. Auspferchen: Du öffnest das Tor so weit wie möglich. Ein schmaler Ausgang würde die Schafe unnötig beschleunigen und du hättest schon die erste unnötige Hektik kreiert, welche dir die Schafe lange nicht verzeihen würden. Jetzt bist du bereits auf dem Weg zum nächsten Hindernis: dem Stopp. Zugegeben, wir haben ihn an einer Stelle platziert, die nicht einfach für dich ist. Die Schafe müssen eventuell vom Hund aus dem Pferch gedrückt werden, gleichzeitig soll er aber auch vor den Schafen sein, um sie rechtzeitig zu stoppen. Diese Schwierigkeit war unsere Absicht. In der Praxis musst du bei Gefahr immer in der Lage sein, den Zug deiner Tiere rechtzeitig anzu-

Auspferchen

Eine große Öffnung werden die Schafe mit weniger Hektik als eine Engstelle verlassen.

halten, egal, ob die Tiere gerade ruhig sind oder hungrig zur nächsten Weide drängen. Das sind Alltagssituationen, die du jederzeit zu meistern im Stande sein musst.

3. Stopp: Wenn der Hund keinen unnötigen Druck macht, kannst du die Tiere meist schon mit deinem Auf-

Schafe mit möglichst wenig Druck aus dem Pferch locken! Du kennst inzwischen hoffentlich den gewohnten Lockruf der Tiere.

Pferch schließen nicht vergessen.

Stopp

Der HH sollte auf der ersten Treibstrecke möglichst wenig Druck machen.

Der Stopp wird vor allem durch deine Präsenz bewirkt.

Tor

Mit wenig Druck durch den Hund kannst du die Schafherde in die Länge ziehen.

Wenn du rückwärts läufst, kannst du die Tiere besser beobachten.

Brücke

Lass den Hund möglichst weit hinter den Schafen und achte auf einen guten Kontakt zum Leittier.

Sollten nicht alle Schafe durch die Brücke kommen, einfach weiterziehen. Es gibt dann eben einen kleinen Punktabzug.

treten zum Halten bringen. Du hast einen Schäferstock, mit dem du schon mal energisch auf dem Boden klopfen kannst. Funktioniert das nicht, muss der Hund in Sekundenschnelle vor die Schafe gestellt werden können. Also rechtzeitig daran denken, wo der Hund kurz vorher „geparkt" sein sollte!

4. Tor: Das Tor wurde absichtlich vor der Brücke angeordnet, da wir dem Prüfling die Möglichkeit geben möchten, seine Schafe erst einmal zu beruhigen, bevor es für die Akteure komplizierter wird. Der Durchgang ist etwa 7 m breit und kann den Umständen entsprechend variiert werden. Für dich ist es wichtig, dass du inzwischen einen guten Kontakt zu den Schafen gefunden hast, den Hund weit genug auf Distanz hältst und zügig vorangehst. Dein Zögern oder auch laute Kommandos könnten die Schafe verunsichern und trotz relativ leichter Aufgabenstellung einen Punkteverlust bedeuten.

Der Übergang zum Wegtreiben: du lässt die Schafe an dir vorbeiziehen und bleibst mit dem Hund hinter den Schafen.

Hier zeigst du, dass der HH die Schafe vor dir hertreiben kann.

5. Brücke: Dieses Hindernis wurde namentlich dem Leistungshüten der HGH nachempfunden. Ich würde es lieber als „Engstelle" bezeichnen. Es gibt Veranstalter, die diese Aufgabe wörtlich verstehen und eine künstliche kleine Brücke über Strohballen errichten – aus meiner Sicht eine unnötige Stresssituation für Schafe und Hund. Eine Aufgabe außerdem, die man nur mit bestens ausgebildeten Bogenläufern meistern kann. Wir möchten unseren Prüflingen aber auch die Möglichkeit geben, diese Prüfung mit Alltagshunden zu bestehen. Unser Parcours ist so konzipiert, dass er auch mit führigen Treibhunden bewältigt werden kann.

Wie auch beim Tor ist es sinnvoll, zügig voranzugehen und den Hund möglichst weit weg zu halten. Wenn du merkst, dass die Schafe nicht alle in Richtung Tormitte ausgerichtet sind, kann dir ein Hund, der seine Richtungskommandos gut befolgt, natürlich sehr nützlich sein. Sollten einige Schafe an der Brücke vorbeigehen, ist das auch kein Beinbruch – es werden dann eben ein paar Punkte abgezogen.

6. Treiben: Auf der Strecke von der Brücke zum Pferch sollte der Hundeführer demonstrieren können, dass dem Hund auch das Wegtreiben gelehrt wurde. Für unsere Bewertung reicht es aus, wenn nur eine relativ kurze Strecke, vielleicht 20 – 30 Meter, nachgetrieben wird. Wenn wir sehen, dass es funktioniert, geben wir das Okay und der Prüfling kann wieder vorausgehen. Bewertet wird auch die Korrektheit der Treiblinien. Jede eindeutige Abweichung von der Geraden zwischen A und B wird mit Abzügen belegt. Das gilt für die gesamte Treibarbeit während der Prüfung. Der Hund kann übrigens – je nach Bedarf – seitlich, hinter oder, wenn nötig, auch vor den Schafen eingesetzt werden. Unser Rat an die Prüflinge, sei es Nach- oder Wegtreiben, ist es, den Hund möglichst wenig auf die Schafe drücken zu lassen. Für diese Schafe ist dein Hund ein Fremdling, vor dem sie erst einmal mit einem gewissen Fluchtverhalten reagieren.

Pferch

In Zusammenarbeit von HH und Schäfer werden die Schafe in den Pferch getrieben.

Der HH bewacht den Pferch bis er abgerufen wird.

Einholen

Der HH wird zum Einhollauf geschickt.

Der Hund bewegt die Schafe aus dem Pferch und treibt sie dir zu.

7. Pferch: Der Pferch ist nur auf drei Seiten abgegrenzt und hat eine relativ große Öffnung zum Eintrieb. Beim Einpferchen sind alle Mittel erlaubt, solange sie tierschonend sind. Wie zu Hause auch kannst du vorangehen, seitlich an der Hurde stehen und mit dem Stock auf den Boden klopfen oder auch den Hund entsprechend einsetzen. Du verlässt die Schafe aber erst, wenn sie beruhigt sind und keine Anstalten machen auszubrechen. Dein Hund bleibt so lange vor der Öffnung, bis du zum Startpfosten für den Einhol-Lauf gegangen bist.

8. Einholen: Jetzt rufst du den Hund zu dir und platzierst ihn für den Einhol-Lauf. Schickst du rechts, wird er rechts in deiner Nähe abgelegt. Ein Steh geht natürlich auch. Schickst du links, so wird der Hund links von dir platziert. Der Einhol-Lauf liegt zwischen 70 und 90 Metern. Sollte der Hund beim Suchlauf kreuzen, gibt es Abzug. Muss mit Kommandos nachgeholfen werden, um

Wenn es ruhige Schafe sind, kannst du sie teilweise auch ohne Stock fangen.

Das Eintreiben in den Trichter kann manchmal schon etwas Geschick und Geduld erfordern.

Bei flüchtigen Schafen wird der Fangstock eine gute Hilfe sein.

Jetzt beginnt für viele der schwierigste Teil. Die ersten Schafe müssen in den Treibgang eingefädelt werden. Du darfst die Schafe ruhig anfassen, um sie in den Treibgang zu bringen.

den Hund hinter Pferch und Schafe zu bekommen, gibt es ebenfalls Abzug. Hier geht es aber nicht so streng zu wie bei Hütewettbewerben. Wir wollen nicht nur Border Collies, sondern beispielsweise auch einem Altdeutschen die Möglichkeit zum Bestehen der Prüfung geben. Im Notfall erlauben wir auch, dass du zusammen mit deinem Hund näher an die Schafe gehst, um sie aus dem Pferch abzuholen (mit Punktabzug natürlich). Im Idealfall soll der Hund auf Kommando hinter den Pferch laufen, während du am Startpfosten bleibst, die Schafe aus dem Pferch drücken und sie dir zutreiben.

9. Fangen: Für die meisten Teilnehmer eine lösbare Aufgabe. Du kannst den Fangstock benutzen oder sie einfach mit den Händen fangen. Dein Hund hat die Aufgabe, die Schafe in deine Nähe zu bringen und sie dort zu halten, bis du ein Tier gefangen hast. Wir

Es ist gut, wenn du dich vor Beginn der Prüfung mit dem Trichtermechanismus bekannt machst. Hier ist deine Geschicklichkeit und die Erfahrung mit der Trichterarbeit gefragt.

Die abgetrennten Schafe müssen dann wieder im Pferch zusammengebracht werden. Die Gatter sind zu schließen.

verlangen nur ein kurzes Halten; mit einem Okay vonseiten der Prüfer kannst du das Schaf wieder laufen lassen.

10. Trichtern: Jetzt zeigt sich, ob du mit Schafen auch wirklich umgehen kannst. Die Schafe müssen mit Hilfe des Hundes in den Trichter getrieben werden, um zwei oder drei markierte Schafe von der Herde abzutrennen. Der Trichter bleibt am Eintrieb offen und der Hund

Wenn du ein ganzes Rudel unter Kontrolle hast, dann sollte ein Stopp bei der Prüfung auch kein Problem sein.

muss aufpassen, dass kein Tier wieder ausbricht. Damit du die Tiere erst einmal in den Treibgang bewegen kannst, haben wir nichts dagegen, wenn du selbst körperlich tätig wirst. Wenn du das Schaf mit den Händen hineinschieben musst, ist das für uns kein Tabu. Wir wollen einfach sehen, dass du fachgerecht und tierschonend mit der Situation zurechtkommst – so, wie du es zuhause in deinem Betrieb auch machen würdest.

11. Eintrieb: Die Schafe müssen jetzt mit Hilfe des Hundes wieder zusammengebracht und einer weiteren Verwendung zugeführt werden. Das kann das Verladen auf einen Hänger oder auch, wie auf **Abb. 17** ersichtlich, den Eintrieb in den Trichterpferch bedeuten.

12. Kommandofestigkeit: Hier bewerten wir mehr oder weniger den Ausbildungsstand des Hundes und die Fähigkeit des Prüflings, mit dem Hund zu kommunizieren. Wie reagiert der Hund auf die Aufforderung des Schäfers? Macht er zuverlässig das, was von ihm verlangt wird, oder braucht er viele wiederholte Befehle, um seine Arbeit zu verrichten?

Abschließende Bemerkung: Die Aufgabenstellung dieses Prüfungsparcours ist den Anforderungen eines Tierwirts nachempfunden, der seine Hunde nach dem britischem Hütesystem ausgebildet hat. Es wird dabei auf eine gewisse „Rechts-Links-Sicherheit" in der Arbeitsweise der Hunde Wert gelegt. Der Schwierigkeitsgrad soll für Hütehunde, gleich welcher Rasse, entsprechend berücksichtigt und angepasst sein. Die erfolgreiche Bewältigung dieser praktischen Prüfung ist eine Leistungsanforderung, die wir als standesgemäße Fähigkeit eines ausgebildeten Schäfers voraussetzen.

Dieses Konzept der Prüfungsanforderungen wird in einigen Ländern bzw. Zuchtorganisationen auch als Interrace Parcours angeboten. Es ähnelt den praktischen Anforderungen der meisten unserer Nutztierhalter, die diese in unseren Breiten mit ihren Hütehunden zu bewältigen haben. Die Ausgestaltung der Anforderungen wird sich dabei an den vorhandenen Einrichtungen und den Geländeeigenheiten orientieren. Die Zahl der verwendeten Schafe oder auch anderer Nutztiere kann dabei stark variieren; von 10 bis 100 Tieren ist alles möglich. Wenn bei bestimmten Hunderassen auch die Bogenläuferfähigkeiten geprüft werden sollen, wird in der Regel auch ein Slalomhindernis in den Ablauf integriert.

Prüfung bestanden!

Rinderarbeit, ein besonders gefährliches Aufgabengebiet, das mit einem gut eingespielten Team durchaus bewältigt werden kann. Der Gleichmut der übrigen Rinder zeigt, dass solche Attacken nur gezielt zu erwarten sind.

Hütehunde für Rinderhalter und andere Nutztierarten

Hunde für Rinderhalter

In der Rinderhaltung kann man davon ausgehen, dass Hütehunde bereits seit Beginn der Domestikation unserer Haustiere in irgendeiner Form mit eingebunden waren. Aus dem Altertum sind zahlreiche Zeichnungen bekannt, die Hirten mit Rindern und anderen Haustieren zeigen. Im Mittelalter und in der Neuzeit mussten Rinder oft über weite Strecken mit Hilfe von Hunden getrieben werden. Nachdem im vorigen Jahrhundert Rinderhunde bei uns immer weniger gebraucht wurden, kann man in der Gegenwart wieder eine verstärkte Nachfrage nach guten Hütehunden für die Rinderarbeit beobachten.

Die produktive Arbeit von Hütehunden an Rindern erfordert anwendungsspezifische Kenntnisse. Besonders für den Landwirt gibt es einiges zu bedenken, bevor er sich einen Hütehund für seine Rinder anschafft:

- Welche wirtschaftlichen Vorteile entstehen durch Kosten- sowie Zeitersparnis und Arbeitserleichterung?
- Welche Hunderasse ist für die vorliegenden Betriebsverhältnisse am besten geeignet?
- Wie muss der jeweilige Hundetyp entsprechend seiner Eigenheiten ausgebildet werden?

Nicht zu vernachlässigen ist der Hundeeinsatz als Mittel zur **Unfallverhütung**. Die Tiere müssen von der Weide zum Melken in den Stall getrieben werden. Auch im Laufstall müssen Tiere auf engstem Raum umgetrieben werden. Einen Deckbullen in der Herde mitlaufen zu lassen, bedeutet immer ein Risiko. Tiere, die lange Zeit friedlich erscheinen, können ihr Verhalten im Laufe der Zeit ändern. Besonders dann, wenn Kühe zum Decken anstehen, können Bullen auch ihnen bekannte Personen als Konkurrenz empfinden und sehr gefährlich werden. In der Weidehaltung müssen Rinder vielfach um- oder eingetrieben werden. Weite Wege in teilweise schwierigem Gelände werden hierfür zurückgelegt. Der Hund erspart dem Menschen viel Laufarbeit auf unebenem Untergrund und reduziert somit Stolper- und Sturzgefahr. Der Einsatz gut ausgebildeter Hunde kann Stresssituationen und gefahrbringende Kontakte mit Großvieh für den Rinderhalter erheblich verringern.

Die wirtschaftlichen Vorteile entstehen vor allem durch die Zeitersparnis, die ein gut ausgebildeter HH mit

Kelpies sind ausdauernde Arbeiter, die auch mit extrem hohen Temperaturen zurecht kommen.

sich bringt. Wenn man alleine an die ständige Melkarbeit im Milchviehbetrieb denkt und weiß, dass tagtäglich etliche Stunden im Stall verbracht werden müssen, wird klar, wie wichtig es ist, dass an anderer Stelle jährlich einige hundert Arbeitsstunden an menschlicher Arbeitskraft durch den Hund eingespart werden. Entsprechende Arbeitsersparnisse durch HH sind natürlich auch in anderen Wirtschaftssystemen gegeben.

Müssen Tiere aus größerer Entfernung eingeholt werden, eignet sich oftmals ein führiger **Bogenläufer** am besten für diese Aufgabe. Sind Milchkühe von nahegelegenen Weiden einzutreiben, kann ein **Furchengänger** oder ein **Treibhund** ebenfalls in Betracht gezogen werden. Generell gilt, dass Hunde für die Rinderarbeit genügend Durchsetzungsvermögen besitzen sollten, um folgenden Anforderung gerecht zu werden:

- an Engstellen am ziehenden Vieh vorbei arbeiten;
- die Tiere von vorne angehen und unter Kontrolle bringen;
- Mutterkühe umtreiben;
- Milchkühe im Stall oder von der Weide zum Melkstand dirigieren;
- bei der Arbeit auf engstem Raum im Stall oder Auslauf und beim Absondern von Gruppen oder Einzeltieren unterstützen.

Diese Auflistung sollte als Erklärung dafür verstanden werden, dass nicht jeder gut ausgebildete Hütehund auch als RGH zu gebrauchen ist.

Für bestimmte Tätigkeiten, wie zum Beispiel das Einsammeln und Umtreiben größerer Herden, kann der Einsatz mehrerer Hunde durchaus angebracht sein. Hunde, die sich zum Nachtreiben eignen, und Hunde, die zum Lenken der Tiere am Kopfende der Herde brauchbar sind, werden für ein kontrolliertes Treiben der Rinder benötigt. Bei schwer zu bewegenden Tieren kann der Einsatz eines zweiten Hundes einen erheblich stärkeren Druck erzeugen. Die Hunde wissen, dass sie gemeinsam auch mit einem besonders wehrhaften Rind fertig werden können. Alleine würden sie bei einem solchen Tier mit Sicherheit den Kürzeren ziehen.

Cattle Dogs sind kernige Hunde mit viel Durchsetzungsvermögen.

Australien Shepherds sind vielseitige Helfer mit guter Schutzveranlagung.

Während HH für die Rinderarbeit in unseren Breiten noch mehr oder weniger als Exoten angesehen werden, sind sie in anderen Teilen der Welt schon seit jeher eine unersetzliche Hilfskraft. Auch wenn in diesen Regionen die Hirten meist beritten sind, so sind auch dort Hunde immer noch unverzichtbare Helfer. Durch unterschiedliche Gelände- und Klimaanforderungen haben sich dabei züchterisch verschieden veranlagte Hunderassen entwickelt. Hierzu zählen Rassen, die in jüngster Zeit durch die zunehmende Globalisierung auch bei uns immer bekannter werden: Kelpies, Cattle Dogs und Australian Shepherds, um nur einige zu nennen. Auch bei den Herdenschutzhunden werden bisher eher unübliche Rassen immer beliebter.

Einsatzgebiete und Anforderungen für Rindergebrauchshunde (RGH)

Wenn man an den Einsatz von Hütehunden denkt, so gibt es einiges zu beachten, damit man den Ansprüchen sowohl der Rinder als auch der Hunde gerecht wird. Es muss zwischen Milchrindern, Fleischrindern und Jungrindern unterschieden werden. Elementar wichtig ist, dass wir Rinder und Hunde ausreichend miteinander bekanntmachen, damit sie sich gegenseitig entsprechend akzeptieren. Die Arbeitssysteme, mit denen wir in der Rinderhaltung unsere Hütehunde einsetzen, sind denen der Schafhalter in vielen Punkten ähnlich.

Wir werden uns dabei vor allem an den genetisch veranlagten Fähigkeiten der Hunde orientieren. Ob Furchengänger, Bogenläufer oder auch rein auf die Treibarbeit spezialisierte Hunde: Jeder von ihnen wird – bei Rinder- oder Schafhaltung – nach seinen speziellen Fähigkeiten ausgebildet und eingesetzt. Bei der Arbeit am Großvieh werden Hunde mit ruhigem Temperament und einer beständigen Arbeitsweise bevorzugt. Deutlich vorhandenes Durchsetzungsvermögen ist eine Voraussetzung, die bei der Arbeit mit anderen Tierarten nicht unbedingt vorhanden sein muss. Bei Bogenläufern, wie sie in der Schafhaltung eingesetzt werden, ist teilweise eine gewisse Beißhemmung angezüchtet. Die gleichen Hunde können aber beim Einsatz an Großvieh durchaus sehr schnell lernen, dass ein Griff im richtigen Moment die Arbeit zum Erfolg führt. Grundsätzlich gilt bei der Rinder- wie auch bei der Schafarbeit: der Griff wird nur erlaubt, wenn der Hund entweder selbst angegriffen wird, ein entsprechender Befehl erteilt wird oder die Situation es erfordert.

Die Neigung zum Griff ist in erster Linie eine genetische Veranlagung.
Der Blaue Heeler oder die Australien Cattle Dogs sind Hunderassen, die unter anderem speziell auf das Greifen von Rindern an den Füßen spezialisiert sind. Sie müssen lernen, sofort nach dem Griff in die Fessel ausschlagenden Hinterbeinen auszuweichen. Hier sind kleinere Hunde beim Abducken im Vorteil. Hunde der gleichen Rasse können ganz unterschiedliche Griffarten an unterschiedlichen Körperteilen zeigen. Insbesondere dann, wenn Hunde frontal angegriffen werden, ist eine natürliche und effektive Reaktion der Griff ins Flotzmaul. Auch bei Hunden mit extremer Beißhemmung kommt diese Variante meist spontan zum Einsatz.

Der Altdeutsche Fuchs ist ein guter Rinderhund. Er kann Rinder mit verschieden Griffvarianten beeindrucken.

Unser vorrangiges Ziel beim Umgang mit Rindern aber ist es, Konfrontationen und Stresssituationen nach Möglichkeit zu vermeiden oder wenigstens zu minimieren. Beim Hundeeinsatz an Rindern gilt es, die beiden unterschiedlichen Spezies daran zu gewöhnen, ohne übermäßigen Stress miteinander auszukommen. Damit sich Jäger und Gejagte gegenseitig respektieren, sollten sie am besten bereits **im Jugendalter aneinander gewöhnt werden.** In den Ursprüngen ging es beim Zusammentreffen von Kaniden mit Paarhufern um Leben und Tod. Die Domestikation hat dieses Naturgesetz nur an der Oberfläche geändert. **Fressen und gefressen werden** ist ein Grundsatz, der alles Leben auf Erden bestimmt. Wie also kann man ihn in der Hütearbeit umgehen?

In unserem Fall geht es vor allem darum, dass die Rinder sich so weit wie möglich an unsere HH gewöhnen, ohne in Panik vor dem potentiellen Fressfeind auszubrechen. Der Idealfall ist, dass man bereits Jungrinder oder auch Kälber mit Hunden bekanntmacht. Hunde an Absetzern (Jungrinder, die von den Kühen getrennt wurden) zu trainieren, ist dabei ein gangbarer Weg. Wenn Rinder bereits im Jugendalter Erfahrung mit Hunden sammeln konnten und gemerkt haben, dass sie zwar getrieben werden, dadurch aber nichts weiter Unangenehmes befürchten müssen, ist dies meist schon ausreichend.

Überaus hilfreich ist außerdem der **Lockruf**, der in Verbindung mit angenehmen Ereignissen angelernt werden kann. Ein Eimer mit leckerem Getreideschrot kann dabei wahre Wunder wirken. Man beginnt mit dem Anfüttern, indem man etwas Getreide auf dem Boden platziert und den Tieren zeigt, dass es aus dem Eimer kommt. Hat man sie dann an den Eimer gewöhnt, ist das der Beginn einer guten Freundschaft zwischen Rind und Mensch; die Tiere werden dir bei Sichtung des Eimers gerne folgen. Ein immer wiederkehrender Lockruf beim Weidewechsel sagt den Rindern, dass es wieder saftiges, frisches Gras zu fressen gibt. Die Möglichkeiten, wie Rinder auf einen Lockruf konditioniert werden können, sind vielfältig. Viele Rinderhalter kommen deshalb auch ohne die Hilfe von Hunden eine Zeit lang gut zurecht. Es ist auch hier nichts anders als bei der Arbeit mit den Schafen: Es geht so lange gut, bis es dann doch zu unvorhergesehenen Ereignissen kommt.

Für das Einholen der Rinderherde werden HH mit besonders gutem Durchsetzungsvermögen benötigt.

Angenommen, die Rinder brechen aus, was in der Praxis immer wieder vorkommt – jede Einzäunung hat irgendwo eine Schwachstelle. Weidetiere sind wahre Meister in der Wahrnehmung jeder Möglichkeit, auch außerhalb des Zaunes an gutes Futter zu kommen. Bei Jungrindern, die die plötzliche Freiheit sehr genießen, dauert es nicht lange, bis aus dem zahmen Hausrind wieder ein Wildtier wird. Einfangversuche mit Hilfe von Nachbarn, Feuerwehr oder Polizei haben dann meist wenig Erfolg. Sind die Rinder aber Hunde gewohnt, so ist es meist ein Leichtes, sie wieder einzufangen. Das gilt jedoch nur, wenn wirklich des Öfteren mit Hunden gearbeitet wird und sie zeitnah nach dem Ausbruch wieder eingefangen werden.

Der Einsatz von Hütehunden in der Rinderhaltung birgt für viele Betriebe eine wirtschaftlich relevante Einsparmöglichkeit. Zeit- und Kraftersparnis sowie der Gewinn an Sicherheit sind dadurch relativ einfach zu erzielen.

Wer sich einmal für den Hütehund als Arbeitshilfe entschieden hat, wird sich bald fragen: Warum habe ich das nicht schon früher gemacht?

Mutter- und Ammenkuhhaltung

Vorweg zunächst einmal ein paar Worte in Sachen Begriffsbestimmung: Bei der **Mutterkuhhaltung** wird die Kuh nicht gemolken. Das Kalb saugt bis zum Absetzen maximal neun Monate – also bis zwei oder drei Monate vor Geburt des nächsten Kalbes – an der Mutter. Bei der **Ammenkuhhaltung** säugt und zieht die Kuh neben dem eigenen auch fremde Kälber auf. Ammenkühe kommen meist in der Milchviehhaltung zum Einsatz, da die anderen Kühe ausschließlich für die Milchproduktion benötigt werden.

Die Rinder sind bei diesem Haltungssystem meist den ganzen Sommer oder sogar ganzjährig auf der Weide. Sie haben dadurch teilweise wenig Kontakt zu Menschen. Man kann hier auch von extensiver Rinderhaltung sprechen. Das Umtreiben und gelegentliche Einfangen dieser Tiere verlangt besonders gut ausgebildete Hunde. In diesem Haltungssystem müssen auch gelegentlich Einzeltiere abgesondert und verladen werden wie z.B. Tiere, die zum Verkauf bestimmt sind oder Kühe mit gesundheitlichen Problemen, Klauenerkrankungen oder Geburtsschwierigkeiten. Gut ausgebildete Bogenläufer mit entsprechendem Durchsetzungsvermögen sind hier besonders geeignet.

Bei Mutterkuhherden kann der Hundeeinsatz durchaus auch an seine Grenzen stoßen. Kühe, die junge Kälber führen, oder Tiere, die nicht an Hunde gewöhnt sind, können teilweise auch mit den besten Hunden nicht getrieben werden. Das Gewöhnen der Rinder an die Hundearbeit sollte daher bereits bei den Kälbern begonnen werden. Rinder, die von Jugend an mit Hunden Kontakt hatten, lassen sich wesentlich leichter von ihnen bewegen. Unter den Mutterkühen sind oft extrem wehrhafte Tiere anzutreffen. Bei einem derart veranlagten Rind ist meist auch mit zunehmendem Alter keine Besserung zu erwarten. Andererseits könnten diese Tiere bei der Wolfsabwehr von Nutzen sein. Also ist es wieder eine Frage der Abwägung, was für die individuelle betriebliche Anforderung von Vorteil ist.

In diesem Zusammenhang muss ich an ein Erlebnis denken, das mir beim **ersten Kontakt zu freilaufenden Rindern** zusammen mit unserem Hund Don widerfahren ist. Nachdem wir in unserem jetzigen Betrieb mehr als 20 Jahre nur Erfahrung mit Schafen sammeln konnten, hatten wir uns entschlossen, in die Mutterkuhhaltung einzusteigen. Im Winter kauften wir 15 Kühe und trieben sie im zeitigen Frühjahr mitsamt ihren neugeborenen Kälbern auf die nahegelegene Weide. Da wir diese Kühe im Zuchtbuch führen wollten, mussten sie erst einmal von einem Rinderberater bewertet werden. Der Berater und ich gingen auf die Weide, wohin ich auch unseren Hund Don mitnahm – so, wie ich es eben von Schafinspektionen gewohnt war. Kaum näherten wir uns der ersten Kuh – die mir aus dem Stall als relativ friedlich bekannt war – und ihrem neugeborenen Kalb, da hob sie den Kopf, ließ das für eine aggressive Kuh übliche Brüllen und Schnauben hören und kam schnurgerade auf uns zugeschossen. Wir waren dermaßen überrascht, dass wir keinerlei Fluchtverhalten zustande brachten. Ich weiß nicht, was passiert wäre, hätte uns Don in diesem Augenblick nicht geholfen: Er schoss blitzartig hinter uns hervor und veranlasste die überraschte Kuh damit zu einer Vollbremsung. Wir konnten flüchten. Was war nun die Ursache für diese unerwartete Attacke gewesen? Uns wurde klar, dass die Kuh nicht uns attackieren wollte, sondern den Hund! Nicht wir waren ihre Feinde, sondern Don, der sich unerwarteterweise direkt hinter uns befand. Er hatte sich für uns unbemerkt herangeschlichen. Die Kuh aber hatte ihn natürlich gleich bei Betreten der Weide bemerkt. Für sie war er ein Raubtier, das sie beim Näherkommen mit all ihren Möglichkeiten angreifen musste, um ihr Kalb zu schützen. So war Don in diesem Fall unser Retter, gleichzeitig aber auch der Verursacher der Misere. Merke: Wenn

Unser Don konnte Rinder alleine durch seine Dominanzgesten gut beeindrucken.

Der Einsatz der Zähne lässt sich oft nicht vermeiden.

du auf die Weide zu Kühen mit jungen Kälbern gehst, gib gut Acht, dass dein Hund nicht in der Nähe ist.

Wann immer du es mit wehrhaften Tieren zu tun hast, denke daran, dass du ihre Eigenheiten berücksichtigen musst. Du solltest leiseste Anzeichen von Nervosität oder auch Aggressivität bemerken und dich entsprechend verhalten. Rinder sind stärker und schneller als du. Meist haben sie einen bestimmten Individualbereich, welchen du besser nicht betreten solltest – es sei denn, du kannst sie von deiner Dominanz überzeugen.

Milchviehhaltung

Als Milchvieh werden Tiere bezeichnet, die zur Milchproduktion gehalten werden. Rinder und Büffel haben dabei den größten Anteil in Bezug auf die produzierte Milchmenge weltweit. In unseren Breiten werden die Milchkühe meist in Freilaufställen gehalten. In diesen Ställen sind die Funktionsbereiche Fressen, Liegen, Bewegen und Melken klar voneinander getrennt. Zum Melken müssen die Tiere zweimal täglich in einen Melkstand getrieben werden. Inzwischen gibt es auch zunehmend Melkroboter, die von den Kühen, je nach Laune und Bedarf, selbständig zum Abgeben ihrer Milch aufgesucht werden.

Während der Großteil der Milchkühe in Ställen gehalten wird, gibt es inzwischen vermehrt auch wieder Betriebe, die ihren Kühen in den Sommermonaten einen Weidegang ermöglichen. Das sind dann meist höchstens mittelgroße Betriebe, da für größere Betriebe die Weideflächen in Stallnähe nicht ausreichend sind. Bei Betrieben mit bis zu 200 Kühen geht in Deutschland jede zweite Kuh im Sommer auf die Weide. Das sind meist klassische Grünlandstandorte, an dem auch genügend betriebsnahes Weideland vorhanden ist. Durch den Aufwärtstrend der ökologischen Milchviehhaltung und die von Handel und Verbraucher geforderten Tierwohlprogramme sind wieder vermehrt Kühe auf Weiden zu sehen.

Im Stallbereich gibt es eine Reihe von Aufgaben, für die ein Hund benötigt wird. An die Vorgänge im Stall ist er schon seit dem Welpenalter gewöhnt. Er hat dabei auch gelernt, dass er die Kühe auf dem Futtertisch nicht belästigen darf. Auf dem Futtertisch darf er sich auch nicht erleichtern, da die gefürchtete Krankheit **Neospora Caninum** davon übertragen werden kann. Er darf die Rinder nicht unnötig angehen oder anbellen, ob er sich nun im Kopfbereich

Die Androhung zum Zugriff kann ein probates Mittel sein, um eine Reaktion zu erzielen.

der Tiere oder hinter ihnen aufhält. Er hat gelernt, die liegenden Kühe auf Kommando – und nur auf Kommando – zum Aufstehen zu bringen. Durch ein kurzes Bellen oder verstärktes Agieren wird er die Kühe davon überzeugen. Er treibt die Kühe selbstständig oder gemeinsam mit dem Hundeführer (HF) in den Wartebereich für die Melkarbeit. Mit ruhiger Stimme und ohne hastige Bewegungen treiben HF und Hund die Kühe in die gewünschte Richtung. Hohe Töne beunruhigen die Rinder. Hastige Bewegungen animieren auch den Hund zu einer unnötig heftigen Arbeitsweise.

Durch die zunehmende ökologische Bewirtschaftung der Milchviehbetriebe ist die Weidehaltung von Kühen und Jungrindern eine wachsende Wirtschaftsform. Wenn das Melken nicht unmittelbar auf der Weide organisiert werden kann, müssen die Kühe täglich ein- und ausgetrieben werden. Bei der Mehrzahl der Betriebe beschränkt sich diese Arbeit auf die Sommermonate. Ein guter Hütehund wird hierbei eine spürbare Erleichterung bedeuten. Er erspart dem Landwirt weite Wege und einen beträchtlichen Zeitaufwand. Auch das Jungvieh, das bei dieser Wirtschaftsform meist ganztägig auf der Weide ist, muss umgetrieben werden.

Wenn der HH entsprechend ausgebildet wurde, ist das Einholen und Umtreiben von Milchvieh weitestgehend problemlos zu handhaben. Junge, unsichere Hunde neigen oft zu ungestümem Zulaufen und Bellen oder auch Beißversuchen bei den Rindern. Dies muss unbedingt unterbunden werden. Es sind nicht nur die Rinder, welche schlimmstenfalls verletzt oder zumindest unnötig beunruhigt werden; auch der Junghund kann dabei sprichwörtlich unter die Räder kommen. Ernsthafte Verletzungen wie Knochenbrüche oder sogar Todesfälle können daraus resultieren.

Soll ein Hund für die Rinderarbeit ausgebildet werden, kann es durchaus sinnvoll sein, ihn zuerst an einer kleinen Gruppe von Schafen oder auch an Geflügel auszubilden. Ob sich dafür die Anschaffung von fünf bis sieben ruhigen Schafen oder einigen Laufenten lohnt, ist sicher eine Überlegung wert. Ein kleines Trainingsfeld im Nahbereich und Tiere, an denen auch relativ junge Hunde arbeiten können, erleichtern die Ausbildungsarbeit oftmals um einiges.

Die Hütetechnik ist auch hier, analog zu der Arbeit mit Schafen, mehr oder weniger identisch. Da es für den Hund täglich wiederkehrende Anforderungen sind, wird er nach wiederholtem Einsatz seine Arbeit meist größtenteils eigenständig verrichten. Das selbständige Arbeiten sollte durchaus gezielt gefördert werden. Der Hund weiß oft besser als der Mensch, wie die Arbeit am effektivsten erledigt werden kann.

Alm- und Gebirgsweiden

Die Almflächen können in der Regel durch Rinder wirtschaftlich sinnvoll genutzt werden. Rinder werden zu Beginn und am Ende der Weideperiode auf der sogenannten Niederalm, also unter 1300 m Seehöhe, gehalten. Auf höhere Regionen, wenn sie nicht zu karg oder zu steil sind, kommen sie dann im Hochsommer. Auf Niederalmen kann die Weidezeit bis zu 120 Tage betragen. Mit zunehmender Höhe verkürzt sich die Weidezeit, je nach Futterlage und Wettersituation, beträchtlich. Die Rinder müssen dann wieder zurück auf niedrigere Flächen gebracht werden.

Bei der Almbewirtschaftung sind Unfälle von Wanderern mit Rindern keine Seltenheit. Die Hauptursache hierfür ist vor allem die Unkenntnis der Touristen über die Eigenheiten der Rinder. Der Schutzinstinkt der Kuh für das eigene Kalb ist trotz intensiver, langjähriger Domestikation immer noch stark ausgeprägt. Besonders gefährlich wird es, wenn Hunde mit im Spiel sind. Der größte Feind der Rinder war – und ist – der Wolf. Da Rinder nicht besonders gut sehen, können sie Wolf und Hund oftmals nicht sofort unterscheiden und greifen den Kaniden an, da er aus ihrer Sicht eine Bedrohung für ihr Kalb ist. Also gilt es, Abstand zu halten, keine schnellen, hektischen Bewegungen zu machen und besonders dann, wenn ein Hund dabei ist, solltest du die Rinder am besten weitläufig umgehen.

Wenn wir an die **zunehmende Wolfspopulation in unseren Breiten** denken, so müssen wir auch die Auswirkungen dieses potentiellen Fressfeindes auf die restliche Tierwelt berücksichtigen. Ich denke, dass bei freilaufenden Rindern bei einer Wolfswitterung zusätzliche Abwehrmechanismen aktiviert werden. Unser eigener Betrieb befindet sich in einem Wolfsgebiet, in dem momentan zwei Rudel nachgewiesen sind. Einzelwölfe, die um unsere Weiden schleichen, werden immer wieder gesichtet. Wir merken dies am Verhalten unserer Rinder. Ist ein Wolf in der näheren Umgebung, dann sind unsere Rinder auch bei Hunden besonders schnell alarmiert. Wir können dann selbst mit unseren eigenen Hunden nicht mehr in die Koppeln gehen, in denen Mutterkühe mit Kälbern stehen. Die ganze Herde ist dann sofort in Alarmbereitschaft und jagt auf die Hunde zu, sobald diese einen gewissen Mindestabstand unterschritten haben. Diese permanente Nervosität, die durch Wolfsnähe ausgelöst wird, ist sogar für Menschen – auch wenn sie keinen Hund mit sich führen – gefährlich. Einem Fremden würde ich bei einer derartigen Stimmungslage nicht raten, durch unsere Koppeln zu marschieren. Aus Ländern und Gegenden, die mit zunehmender Wolfspopulation leben müssen, ist bekannt, dass Hütehunde für die Treibarbeit bei Rindern nicht mehr verwendet werden können. Die Rinder haben gelernt, alles anzugreifen, was möglicherweise eine Gefahr für sie bedeuten könnte. **Noch einmal: Bitte nicht vergessen, dass Rinder sehr wehrhafte Tiere sind! Jeder, der mit ihnen zu tun hat, muss sich dessen bewusst sein und sein Verhalten entsprechend anpassen!**

Die Weitläufigkeit und Unwirtlichkeit der Weideflächen verlangen einen Hund mit guter körperlicher Verfassung. Ein natürlich veranlagter Bogenläufer mit entsprechender Führigkeit, guten Den-

Ein fremder Hund wird argwöhnisch beobachtet. Eine Situation, die gefährlich werden kann.

kerqualitäten sowie gutem Durchsetzungsvermögen ist der Idealfall für diese Anforderungen. Für dieses Einsatzgebiet ist es von Vorteil, wenn der Hund bereits bei frühen Ausbildungslektionen zum selbständigen Einsammeln angeleitet wurde. Das heißt, es wird ihm wann immer möglich erlaubt, das Vieh mit wenig Kommandos zu arbeiten. Die meisten guten Bogenläufer haben eine instinktive Veranlagung für das gründliche Einsammeln einer Herde. Roboterartige Arbeitsweisen, wie sie manchem Wettbewerbshund beigebracht werden, sind für selbstständiges Arbeiten meist weniger vorteilhaft. Saubere Pfeifkommandos sind für diese Anforderungen ebenfalls von Vorteil. Sie tragen weit und können auch bei ungünstigen Witterungsverhältnissen noch für den Hund verständlich übermittelt werden.

Der Einsatz gut ausgebildeter Hütehunde bringt dem Almwirt viel Zeitersparnis und auch die Schonung der eigenen Kräfte – Zeit und Energie, die er für andere Aufgaben braucht. Laufarbeit über unebenes, hängiges und teilweise rutschiges Gelände wird mit Hilfe des Hundes für den Almwirt auf ein Mindestmaß beschränkt. Die Verringerung der Unfallgefahr ist auch hier ein nicht zu unterschätzender Vorteil für den Menschen.

Demonstrationen und Wettbewerbe mit Rinderhunden

Wie bei den kleinen Wiederkäuern – beispielsweise Schafe oder Ziegen – gibt es auch für Rinder Veranstaltungen, bei denen die Hütearbeit mit Hunden in der Öffentlichkeit demonstriert wird. Ob Hütevorführungen oder auch Hüteprüfungen, unsere Hunde sind dabei die Hauptakteure.

Auf unserem Hof haben wir bei Ausbildungsseminaren teilweise Wettbewerbe mit Rindern abgehalten. Auch im Rahmen landwirtschaftlicher Veranstaltungen konnten wir die Hundearbeit an Rindern demonstrieren. Für die Zuschauer ist Rinderarbeit immer etwas Besonderes, da sie Hütehunde meist nur in Verbindung mit Schafen kennen. Im englischsprachigen Bereich ist Rinderarbeit in der Öffentlichkeit besser bekannt. Man spricht dann von **„cow dog trials“** oder **„cow dog demonstrations“**, die von Privatpersonen oder auch Zuchtorganisationen arrangiert werden. Das Grundprinzip dieser Veranstaltungen ist das gleiche wie im Schafbereich: Die Hunde sollen zeigen, wie sie mit Rindern zurechtkommen, so wie es ihnen im Alltagsgeschehen auf dem Hof abverlangt wird. Die Anforderungen sind den für die Schafhaltung geforderten Fähigkeiten

Unsere Hunde und Rinder sind durch die Arbeit auf dem Hof gute Bekannte, so dass Rindertreiben in der Öffentlichkeit problemlos gezeigt werden kann.

sehr ähnlich. Der Hauptunterschied ist jedoch, dass wir es hier mit Großvieh zu tun haben, das im Umgang für Mensch und Hund gefährlich sein kann.

Ein fachgerechtes Sicherheitsverhalten hat bei all diesen Veranstaltungen absolute Priorität. Sind Zuschauer in der Umgebung, sollte eine sichere Einzäunung vorhanden sein. Auch sollten, besonders bei **Hüte-Demonstrationen**, die Rinder immer ausreichend an die Hundearbeit gewöhnt sein. Bei meinen Demonstrationen habe ich grundsätzlich eigene Rinder mit zur Veranstaltung gebracht. Es gibt, unabhängig von Rasse und Geschlecht, immer besonders wehrhafte Tiere, mit denen man – das versteht sich eigentlich von selbst – nicht unbedingt in der Öffentlichkeit auftreten sollte.

Bei **Hüteprüfungen** ist ebenfalls eine gewisse Zahmheit und Hundeerfahrung der Rinder eine Vorgabe. Von den Hunden wird ein etwas überdurchschnittliches Maß an Durchsetzungsvermögen erwartet. Damit auch hier der Machtkampf zwischen Rind und Hund nicht ausufert, sind Prüfer und Veranstalter in der Verantwortung, entsprechende Vorkehrungen zu treffen. Um die Durchsetzungsfähigkeit bestimmter Hunderassen im Zuchtgeschehen zu berücksichtigen, werden derartige Prüfungen für bestimmte Hunderassen angeboten.

Hütewettbewerbe mit Rindern haben – anders als in Deutschland – in vielen Ländern meist eine lange Tradition und sind ein besonderer Publikumsmagnet. Der Parcours ist, ähnlich dem der Schafwettbewerbe, mit verschiedenen Hindernissen aufgebaut. Die Bewertung ist ebenfalls meist nach dem gleichen Muster angelegt. Die Zeit, in der eine gewisse Anzahl an Hindernissen bewältigt wird, spielt bei der Bewertung eine Rolle. Auch die Fähigkeit des Hundes, entsprechende Griffarten zu zeigen, wird dabei meist berücksichtigt. Aus Sicherheits- oder auch Traditionsgründen ist der Hundeführer teilweise beritten. Ist er das nicht, wird er sich bevorzugt etwas abseits vom Gefahrenbereich aufhalten.

Menschliche Hilfestellung beschränkt sich bei all diesen Hüteaktionen an Rindern meist auf die Kommandoerteilung. Der Hund ist eben hier der Hauptakteur. Der Mensch wird sich dabei so weit wie möglich außerhalb des unmittelbaren Gefahrenbereichs aufhalten. Für die Zucht und auch für Außenstehende soll die Rinderarbeit mit Hütehunden eine Demonstration der Leistungsfähigkeit unserer Hütehunde darstellen.

Hunde für die Arbeit an Geflügel und anderen Nutztieren

Der Einsatz von Hütehunden beschränkt sich natürlich nicht nur auf Schafe und Rinder. Die Arbeit mit Geflügel ist, legt man das Augenmerk auf den Jagdinstinkt, eine in frühester Jugend offensichtlich vorhandene Fähigkeit. Die Arbeitsanforderungen an den **Geflügel-Gebrauchshund (GGH)** sind im Prinzip mehr oder weniger identisch mit denen, die wir bisher in diesem Buch erläutert haben. Geeignete HH sind in den verschiedensten Rassen zu finden. Eine gewisse Feinfühligkeit sollte jedoch vorhanden sein.

Gänsehüten war in meiner Kindheit eine durchaus beliebte Aufgabe. Wir hatten dabei so einige Freiheiten – nur Hunde als Helfer hatten wir damals nicht. Da Gänse durch ihren Kot das Gras für die übrigen Weidetiere ungünstig beeinflussen, durften sie nur auf eigens für sie vorgesehenen Flächen gehütet werden. Dabei wurden Flächen bevorzugt, die teilweise auch am Wasser gelegen waren. Geflügel auch im Wasser zu bewegen ist für ausgebildete Hütehunde kein größeres Problem. Schwierig wird die Wasserarbeit allerdings, wenn Gänse oder Enten ihre Fähigkeit zum Abtauchen entdeckt haben. Das kann den Hund im ungünstigsten Fall bis an die Grenzen seiner Arbeitsbereitschaft bringen. Es ist für ihn nicht zu verstehen, dass die Tiere, die er gerade noch gekonnt vor sich her bewegt hat, plötzlich verschwinden und hinter ihm wieder auftauchen können.

Bei unseren Welpen freuen wir uns immer, wenn sie bereits im Alter von sechs Wochen erste Anzeichen von Hüteinstinkt am Geflügel zeigen. Bei den Augenhunden, den zukünftigen BoL, reicht es schon aus, wenn sie sich an die Hühner anschleichen, sie intensiv beobachten und bereits kleinere Jagdversuche zeigen. Ein Hüteschäfer hat bei diesen ersten Versuchen nichts dagegen, wenn sein zukünftiger FuG dabei schon etwas robuster zur Sache geht. Diese anfänglichen Jagdversuche müssen dann aber bereits im Welpenalter so gut unter Kontrolle gebracht werden, dass ein Abbruchkommando befolgt wird. Als

Erste Hüteaktionen bei unseren Welpen sind immer willkommen.

Gänse treiben, Alpakas bewachen – all das sind Aufgaben, die unsere Hütehunde gerne für uns erledigen. Vorausgesetzt, sie wurden dafür entsprechend ausgebildet.

erwachsene Hunde dann wieder aktiv an Geflügel zu arbeiten, ist für die meisten HH kein Problem, lediglich eine Frage der Ausbildung. Wissen sollte man aber auch, dass es bei jeder Hunderasse Individuen gibt, die sich nicht für die Arbeit an Geflügel eignen. Sie können entweder zu grob oder auch zu feinfühlig dafür sein.

Wenn Geflügel für die Ausbildung vorgesehen ist, sind Gänse und Enten besonders gut geeignet. Hühner haben den Nachteil, dass sie sehr flüchtig sind und keine Herdeneignung zeigen. Inzwischen gibt es auch Hütewettbewerbe, bei denen die Schafe durch Gänse oder Enten ersetzt werden. Auch bei **Hütedemonstrationen** sind Gänse und Enten gerne gesehene Partner. Man kann dabei alle möglichen Hindernisse wie Brücken, kleine Durchlässe und ähnliches einbauen, um die Zuschauer zu unterhalten. Ich habe die Gänse dabei auch schon durch die Zuschauermenge und manchmal durch das mit Menschen besetzte Festzelt getrieben. Wenn das mit mehr als einem Hund vonstattengeht, ist es noch interessanter für das Publikum.

Voraussetzung ist, wie bei allen Hütedemonstrationen, dass sich die Tiere bestens kennen und die Hunde gut ausgebildet sind. Was man auch nicht vergessen sollte ist, dass Geflügel fliegen kann. Bei einer Vorführung mit einem Junghund, der noch etwas zu impulsiv war, ist mir einmal die ganze Gänseschar im Tiefflug über die Zuschauer davongeflogen. Für die Zuschauer ein Riesenspaß, für mich in diesem Augenblick weniger. Zum Glück hatte ich einen wirklich guten älteren Hund dabei, der sie dann wieder zurückbrachte. Eine Fluchtreaktion bei unserem Hausgeflügel ist das Flattern mit den Flügeln, kurz bevor sie abheben. Das ist der Moment, in dem unsere Hunde gerne ihre Zähne zum Einsatz bringen möchten. Also auch hier aufpassen, denn sowohl Geflügel als auch Zuschauer werden das gar nicht lustig finden.

Schweine treiben ist eine Angelegenheit, die für Mensch und Hund nicht einfach ist. Schweine haben ein sehr ausgeprägtes Sozialverhalten und eine feste Rangordnung. Studien haben belegt, dass sie zu einem breiten Spektrum an Emotionen fähig sind. Die hohe Intelligenz dieser Tiere können wir an unseren eigenen Freilandschweinen immer wieder beobachten. Ich denke, dass sie mindestens so schlau, wenn nicht sogar intelligenter als unsere Border Collies sind. Auch haben sie ein sehr gutes Erinnerungsvermögen und, nicht zu vergessen, eine recht niedrige Aggressionsschwelle, wenn es nicht nach ihrem Willen geht. Die Erfahrungen, die wir besonders bei Muttersauen mit kleinen Ferkeln sammeln konnten, lehrten uns, dass in den meisten von ihnen noch eine gehörige Portion Wildsau steckt.

Was ich mit der Beschreibung der Eigenheiten von Schweinen ausdrücken will, ist, dass es dringend notwendig ist, sich mit ihren Verhaltensweisen auseinanderzusetzen, bevor man bei ihnen an einen Einsatz von Hütehunden denkt – sonst könnte man durchaus einige Überraschungen erleben. Sie reagieren völlig anders als unsere Wiederkäuer. Einfach mal die Laufrichtung durch leichte Ausfallbewegungen der Hunde ändern zu können, ist beim Schwein nicht zu erwarten. Es kann, aus unserer Sicht gesehen, unglaublich stur sein. Es sind schon einige Kniffe, Tricks und viel Können notwendig, um sie dahin zu bekommen, wo man sie haben möchte.

So vielseitig das Leistungsspektrum unserer Hütehunde ist, so vielseitig sind auch ihre Einsatzmöglichkeiten. Aber: Hundekenntnisse allein reichen nicht aus. Als verantwortungsvoller Hundeführer musst du dich auch intensiv mit den Eigenheiten der Tiere befassen, an denen du mit deinen Hunden arbeiten möchtest.

Hund und Schwein sind hier gute Bekannte, trotz unterschiedlicher Interessengebiete.

Treibhunde – die Allrounder

Die Aufgabe der Treibhunde ist es, Nutzvieh zu treiben, wobei sie entweder seitlich oder hinter den Tieren arbeiten. Ob sie lautlos oder mit Gebell treiben ist meist rassebedingt. Es gibt aber auch innerhalb einer Rasse beide Varianten. Je mehr Schutztrieb in ihren Genen vorhanden ist, umso mehr werden sie bellend arbeiten. Auch hier gilt: Ausnahmen bestätigen die Regel. Treibhunde werden gerne zum Treiben von Rindern verwendet.

Über Treibhunde habe ich bereits mehrfach berichtet und dabei festgestellt, dass eine punktgenaue Unterscheidung zwischen Treib- und Hütehunden eigentlich nicht möglich ist. Hier möchte ich als Kurzfassung noch einmal in Erinnerung bringen, was bereits unter Abb. 4 angesprochen wurde: Typische Treibhunde haben einen starken Hütetrieb und sind besonders ausdauernd und selbstsicher. Schreckhaftigkeit oder Feinfühligkeit ist bei ihnen weniger ausgeprägt. Da sie mehr in Richtung Schutzhunde einzuordnen sind, ist ihr Lernwille nicht als unbedingt optimal zu bezeichnen. Auch ist es nicht ungewöhnlich, wenn sie bei der Treibarbeit als Beschützer der Herde in Erscheinung treten.

Die Fähigkeit zum Treiben ist bei fast allen Hütehunderassen vorhanden. Teilweise ist es auch eine Frage der Ausbildung, ob sie dadurch zum reinen Treibhund geworden sind. Ich würde deshalb nicht unbedingt eine Rasse nur explizit als Treibhunderasse bezeichnen, da eben innerhalb jeder Rasse auch die verschiedensten Hundetypen anzutreffen sind. Grundsätzlich müssen auch gute Treibhunde gehorsam und gut ausbildbar sein. Ein vorrangiges Zuchtziel ist, dass sie zu selbstständigem Arbeiten fähig sind und dabei auch die richtigen Entscheidungen treffen. Mit einer gewissen Sturheit ist bei diesen Hunden aber immer zu rechnen.

Treibhunde kommen bei den verschiedensten Nutztieren zum Einsatz. Ihre Aufgabe ist es, die Tiere zusammenzuhalten, aufzupassen, dass keines zurückbleibt und sie trotzdem entsprechend vorwärts zu bewegen. Dabei sind sie nicht immer zimperlich. Gelegentliches Bellen oder leichte Bisse in die Beine sind ihre Werkzeuge. Je nach Temperament und Gelehrigkeit können sie teilweise auch zu Bogenläufern oder Furchengängern ausgebildet werden – die Feinfühligen zu BoL, die Draufgänger zu FuG. In der Praxis wird man aber dann doch lieber mit den Spezialisten arbeiten, da die Ausbildungsarbeit hier weniger aufwändig ist. Besonders unter den Herdenschutzhunden wird es auch immer wieder Individuen geben, die sich auch für gewisse Treibarbeiten eignen.

In diesem Zusammenhang muss ich an eine ältere Dame denken, die ihre Hobbyschafe über Jahre hinweg nur zusammen mit ihrem Border Collie getrieben hat. Inzwischen hatte sie aber bemerkt, dass andere Schafhalter ihre

Gänse können oftmals sehr wehrhaft sein. Dieser HH ist aber darauf vorbereitet.

Hunde zum Einsammeln der Schafe einsetzen können, ohne dass sie dabei selbst mitlaufen müssen. Sie kam also mit ihrem schon recht betagten Hund zum Hüteseminar, um mehr darüber zu lernen. Kurzum: Wir hielten es für wenig sinnvoll, diesem nicht mehr ganz fitten, älteren Hund das Einholen beizubringen. Zur Lösung des Problems konnten wir der Dame einen passenden Hund vermitteln, der sehr führig und ein guter Einholhund war. Sie war schlichtweg begeistert – für sie bedeutete es ein Geschenk des Himmels, einen solchen Hund in ihrem fortgeschrittenen Lebensalter als Helfer zu bekommen. Die Tatsache, dass ihr erster Hund nur Treibarbeiten kannte, war ein Ausbildungsproblem, welches nichts mit der genetischen Spezialisierung von Treibhunden zu tun hatte.

Treibhunde werden in unseren Breiten meist an Rindern eingesetzt.

Um die Rinder von der Weide in den Stall zu bringen oder sie auf eine andere **Weide** zu treiben, müssen sie in der Regel erst zusammengetrieben werden. Sind die Weidetiere an einen Lockruf gewöhnt, klappt das umso besser. Wenn nicht, sollte der Hund gelernt haben, das Vieh zu umrunden und von hinten anzutreiben. Bei kleineren Gruppen kann ein Nachtreiben des Hundes ausreichend sein. Größere Herden werden am besten von seitlich arbeitenden Hunden getrieben. Der Hund bringt dabei erst die vorderen Tiere in Bewegung, der Rest der Herde folgt dann meist von selbst. Der weitere Einsatz der Hunde – sei es das Lenken, Stoppen oder das seitliche Auf- und Ablaufen – ergibt sich dann aus den jeweiligen Gegebenheiten. Sollten noch Nachzügler einzuholen sein, so ist es hilfreich, wenn der HH ein **„Schau-zurück-Kommando"** kennt. Er wendet sich also nach Aufforderung wieder dem Ende der Herde zu und holt die restlichen Rinder auch noch ein.

Im Stallbereich gibt es ebenfalls eine Reihe von Aufgaben, die von Treibhunden bewältigt werden: Umtreiben von Abteil zu Abteil, Auftreiben der Kühe aus dem Liegebereich, wenn es zum Melken geht, und das Zutreiben

Stallarbeit ist für ihn nichts Ungewöhnliches.

Dieser OES hat außer Schönheit auch noch andere Qualitäten.

zum Melkvorgang. All diese Aufgaben wurden bereits im Kapitel „Hunde für die Rinderhaltung" beschrieben. Bei unseren Treibhunden müssen wir aber besonders darauf achten, dass sie schonend am Vieh arbeiten. Unnötige Fersengriffe und Bellaktionen sollten auf keinen Fall erlaubt werden. Die Arbeiten am Milchvieh sind eine täglich wiederkehrende Routineangelegenheit, bei der unsere Treibhunde sehr gute Helfer sein können. Achtung aber bei starken Fersenbeißern, in den USA „Heeler" genannt: diese sind bei Milchkühen nicht erwünscht.

Treibhunde und ihr Einsatz in Überseegebieten

In manchen Gegenden der Welt wurden Rinder über längere Strecken mithilfe berittener Hirten getrieben. In angelsächsischen Ländern werden diese als **„Drovers"** bezeichnet. Sie sind – oder besser: waren – besonders erfahrene Viehtreiber, die Nutzvieh wie Schafe, Rinder oder auch Pferde „on the hoof" über lange Strecken trieben. Das war üblich, bevor motorisierte Viehtransporter bekannt wurden. Große Vieherden wurden in tagelangen, teilweise wochenlangen Treibaktionen durch das Land bewegt. Herden von bis zu 1000 Rindern waren dabei keine Seltenheit. Die berittenen Treiber hatten meist Hütehunde dabei, die für den Zusammenhalt der Herden benötigt wurden. In diesem Zusammenhang wird auch von **„Heading Dogs"** berichtet, übersetzt so viel wie „Leithunde". Ihre Aufgabe war es, vor der Herde zu laufen und das Nutzvieh zum Folgen zu bewegen. Es waren meist etwas ältere Hunde, die in ruhigem Tempo vor der Herde trabten und Richtungskommandos der Hirten zuverlässig ausführten.

Ein besonderer Schlag unter den Treibhunden sind die **„Huntaways"**, die mit ihrer tiefen Stimme das Nutzvieh zusammentreiben. Huntaways sind ausdauernde Arbeiter, die das Vieh in schwierigem Gelände weitgehend selbständig durch konstantes Bellen zusammentreiben. Ihr Ursprung geht auf HH zurück, die in Neuseeland wegen ihrer Bellveranlagung gezüchtet wurden. Man hat dort festgestellt, dass es gar nicht so schlecht war, wenn die Hunde in dicht bewachsenem Gelände Schafe und Rinder aus ihren Verstecken allein durch ihr Bellen aufscheuchen konnten. Hunde, die zum Bellen neigten, wurden untereinander angepaart, bis sich der heute bekannte Huntaway herauskristallisiert hat. Es sind recht kräftige Hunde, die mit weit hörbarem, tiefem und kräftigem Bellen ihre Arbeit verrichten. Welche Hunderassen eingekreuzt wurden, ist heute nicht mehr nachvollziehbar. Es wird teilweise angenommen, dass **„Old English Sheepdogs"** mit an der Entstehung dieser Rasse beteiligt waren. Von der FCI sind sie übrigens bisher nicht anerkannt. Ich habe diese Hunderasse in England bei einem Züchter kennengelernt. Es ist schon ein besonderes Erlebnis, wenn diese Hunde auf das Kommando **„Speek up"**, also „Gib Laut", ihr tiefes, weit hörbares Bellen von sich geben. Trotz ihrer Bellneigung sollen sie meist keine guten Wachhunde sein.

Wer die Arbeitsweise der Schäfer auf den **britischen Inseln** kennt, der weiß, dass die dortigen Herden von hinten vom Schäfer mit seinen Hunden getrieben werden. Meist sind es relativ enge Treibwege, die mit Zäunen oder dicht bewachsenen Hecken eingefriedet sind. Das hat den Vorteil, dass der Schäfer weder die schwachen noch die besonders schlauen Schafe unterwegs verliert. Die gleichen Hunde wurden aber natürlich auch vorrangig für das Einsammeln und Zutreiben von Nutzvieh ausgebildet. In diesem Zusammenhang sind Bilder von **Kelpies** bekannt, die riesige Schafherden im Trieb von hinten einpferchen und dabei, wenn nötig, über die Rücken der Schafe nach vorne laufen. Das ist für gute Hunde der einfachste und schnellste Weg, um ans Ziel zu kommen. Sie gehören zu den wenigen Rassen, die sich bei der Arbeit auf diese Art fortbewegen und – wenn nötig – auch unter den Bäuchen der Schafe wieder zurückkommen. Dass dies nur von sehr guten und unerschrockenen HH verlangt werden kann, ist selbstverständlich.

Ob man einen Hund als reinen Treibhund bezeichnen kann, ist auch eine Frage der Ausbildung. Es ist eben nicht immer ausschließlich die Genetik, die für die Fähigkeiten der Hunde verantwortlich ist! In der Regel sind Treibhunde jedenfalls diejenigen Hunde, die – wie in Abb. 4 ersichtlich – eine starke Schutzhundeveranlagung in ihren Genen verankert haben. Auf Grund der Bandbreite ihrer Veranlagung können einige von ihnen auch zu Furchengängern, Bogenläufern oder sogar zu Herdenschutzhunden ausgebildet werden. Eines haben diese Hunde aber alle gemeinsam: Sie stellen recht hohe Ansprüche an das Führungsvermögen ihres Besitzers.

Rinder treiben ist seine Spezialität.

Kelpies sind zu allem fähig.

Herdenschutzhunde

Schutzhunde werden seit Jahrtausenden eingesetzt, um Nutzvieh vor Großbeutegreifern und anderen ungewollten Eindringlingen zu verteidigen. Die einzelnen Herdenschutzrassen und Schläge unterscheiden sich hinsichtlich Größe, Farbe und Fellstruktur. Unterschiede gibt es auch im Beschützer- und Verteidigungsverhalten. Ob der Hund im Bedrohungsfall durch imposantes Auftreten und Bellen vorrangig bei der Herde bleibt oder zügig zu Angriffshandlung und Verfolgung des vermeintlichen Feindes übergeht, sind weitere individuelle Unterschiede.

Schutzhunde sind größer, schwerer und kräftiger als die meisten unserer Hütehunde. Stoische Gelassenheit, ein gewisses Phlegma in Alltagssituationen und eine entspannte Gleichgültigkeit gegenüber unbedeutenden Reizen bei gleichzeitigem Schutztrieb auf höchstem Niveau sind Markenzeichen dieser Hunde. Das Schutzverhalten dient primär dem eigenen Territorium. Bei einem HSH gehört die Herde zu seinem Lebensraum. Er wächst in der Herde auf, lebt mit den Schafen oder auch anderen zu beschützenden Nutztieren und hat bestenfalls auch keinen Einfluss auf Hüte- und Treibaktivitäten anderer Hunde. Besonders zu beachten bei diesen Hunden ist, dass sie umfassend mit Menschen und mit den zu schützenden Nutztieren sozialisiert werden. Es ist also wichtig, dass sie nicht nur an die Weidetiere gewöhnt, sondern auch mit ihrem zukünftigen Arbeitsumfeld vertraut gemacht werden. Im Idealfall sollten sie lernen, andere Tiere und fremde Menschen, die keine Gefahr für ihr Territorium bedeuten, zu tolerieren. Soweit die Theorie. In der Praxis geht das aber leider nicht immer so problemlos vonstatten.

Herdenschutzhunde sind als bellfreudig bekannt. Sie bellen, wenn sie mitteilen wollen, dass sie sich freuen oder wenn sie, für die Arbeit am Vieh ausgebildet, die Tiere bewegen sollen. Grundloses Bellen kann durch entsprechende Erziehung auch in zielgerichtetes, auf

Der italienische Maremmano Abruzzese

Der Kaukasische Owtscharka

Das Füttern im Viehhänger hilft die Hunde – wenn nötig – schnell einmal vorübergehend wegzusperren.

ungebetene Eindringlinge ausgerichtetes Bellen münden. In Umgang und Ausbildung verlangen diese Hunde analog zu unseren Treibhunden ebenfalls einen Hundeführer mit speziellen Fachkenntnissen. Einige der üblicherweise als HSH deklarierte Rassen haben aber auch durchaus entsprechendes Potential, als Gebrauchshunde in verschiedenen Bereichen eingesetzt zu werden. Auch bei diesen Hunden sind Denker, Macher und Sensible vertreten. Trotz der am Draufgänger orientierten Arbeitsanforderung sollte das nicht vergessen werden.

Es gibt zahlreiche Hunderassen, die auf den Herdenschutz spezialisiert sind und auch über die nötige Größe, genügend Selbstvertrauen und die erforderliche Gelassenheit verfügen. Bei uns besonders bekannt sind unter anderem der italienische Maremmano Abruzzese, der Kaukasische Owtscharka, der Kuvasz, der Kangal und der französische Pyrenäenberghund.

Schutzhunde beim Vieh

Wenn Hunde zum Schutz von Nutztieren im Einsatz sind, werden sie in der Fachsprache als Herdenschutzhunde (HSH) bezeichnet. Sie wachsen zusammen mit den Nutztieren auf und betrachten diese als Artgenossen bzw. Rudelmitglieder. Auf der Weide verteidigen sie ihr Rudel gegen alles, was eine Bedrohung darstellt. Herdenschutz funktioniert in unseren Breiten in der Koppelhaltung aber nur, wenn die Nutztiere sicher eingezäunt sind. **Sind HSH im Einsatz, so dient der Zaun vor allem dem Schutz kreuzender Passanten vor den Hunden.** Die Notwendigkeit dafür ist eine Tatsache, die von manchem HSH-Befürworter vergessen wird.

Der Kuvasz

Der Kangal

Herdenschutzhunde sind bei Schafen, Ziegen, Rindern, Pferden, Eseln, Lamas, Alpakas, Gatterwild und auch Geflügel im Einsatz. Sie werden von einigen Experten als erste Wahl zum Schutz vor Wölfen bezeichnet. Für Praktiker gilt es, einiges zu bedenken, bevor man mit dieser Aussage übereinstimmen kann. Mit Sicherheit gibt es Landstriche und Gegenden, in denen diese Hunde wirklich die einzige Möglichkeit darstellen, Nutzvieh im Freiland gegen Wölfe zu schützen. Das sind dann Herden in unwegsamen Gegenden, die rund um die Uhr von Hirten begleitet werden. Wenn sie des Nachts im Freien bleiben, werden sie meist auch in gesicherten Nachtpferchen untergebracht. Die Frage ist aber auch hier, ob eine solche Haltung rentabel ist und welcher Schäfer Weidetiere noch auf diese Art und Weise halten will und kann.

Um vor einem Wolfsrudel effektiv zu schützen, sind bei kleineren Herden mindestens drei HSH nötig. Auf unserem Betrieb haben wir meist mehr als fünf Gruppen Schafe und Rinder auf verschiedenen Koppeln untergebracht. Wir bräuchten also mindestens 15 HSH, um unsere Tiere gut zu schützen. Bei uns wäre dies ein Kostenfaktor und Arbeitsaufwand, der die Freilandhaltung unrentabel machen würde. Außerdem ist zu bedenken, dass der Einsatz von HSH in der Lammzeit nicht immer funktioniert. Der Reiz des frischen Blutes bei der Lammung, die Hektik, mit der Jungtiere sich bewegen und auch der Einsatz unserer Hütehunde sind Ereignisse, welche den Wolf im HSH selbst schon einmal wachrufen können. HSH sind eben genau das: Nachfahren unserer jagenden Wölfe. Erst vor Kurzem bekam ich von einem Berufskollegen die Nachricht, dass sein neuer, sehr pflichtbewusster Wolfsschützer seinen Hütehund getötet hat. Anderen Berichten zufolge ist das Zusammenleben von Hüte- und Schutzhunden wiederum völlig problemlos.

Ein kroatischer Schäferkollege hat mir von seinen **Anatolischen Hirtenhunden, den Kangals,** berichtet, dass neugeborene Lämmer kein Problem darstellen. Die Hunde fressen zwar die Nachgeburt, helfen aber gleichzeitig, die Lämmer zusammen mit den Schafmüttern trockenzulecken. Den Kangals wird nachgesagt, dass sie zu den stärksten Hunderassen der Welt gehören. Ihre Beißkraft würde sogar die

Das Bewachen der Hühner ist seine Aufgabe.

Bei ihm solltest du besser einen großen Bogen um die Schafherde machen.

eines Löwen übertreffen. Sie werden von ihren Besitzern als stolz, vertrauenswürdig, anhänglich, loyal, aber auch relativ unabhängig beschrieben. Diesbezüglich machte dieser Kollege eine humorvolle Bemerkung: Ihre Erziehung sei relativ einfach, denn sie bräuchten eigentlich nur zwei Kommandos: ein „Nein" und ein „Komm". **Wie** sie diese Kommandos dann aber befolgten, sei selten das, was wir Menschen erwarten würden. Ansonsten hat er von ihnen aber tatsächlich nur Gutes zu berichten. Sein Betrieb befindet sich in einer eher dünnbesiedelten Gegend. Zur Wolfsabwehr fährt er prophylaktisch des Öfteren langsam um seine weitläufigen Grundstücke, während die Hunde hinter dem Auto herlaufen. Er gibt ihnen dabei genügend Zeit, das Revier zu markieren. Obwohl es in seiner Gegend vergleichsweise viele Wölfe gibt, hatte er dank seiner Hunde noch keine Probleme mit ihnen.

Auf unserem Betrieb kommt der Einsatz von HSH aufgrund der vielen Passanten, die täglich an unseren Koppeln vorbeigehen, nicht in Frage. Zu groß ist die Gefahr, dass Menschen zu Schaden kommen und damit auch das soziale Miteinander gestört wird. Ein benachbarter Schäfer hütet seine Schafe auf dem angrenzenden Truppenübungsplatz, der Wolfsgebiet ist, weshalb er HSH im Einsatz hat. Bei ihm sind sie die einzige Lösung, um die Hüteschäferei weiterhin zu betreiben. Es gibt auch Erfahrungsberichte von Geflügelhaltern, die gut mit HSH zurechtkommen. Ein Kollege berichtet, dass er seine Hunde nur zu den legereifen Hühnern lässt. Er hat Bedenken, dass junge Hühner zu aktiv durch das Gehege laufen und den Hund zum Jagen animieren könnten. Ein weiterer Kollege hat zum Schutz vor Greifvögeln und Füchsen seinen schon etwas älteren Altdeutschen Schäferhund bei den Hühnern. Er ist begeistert, denn er hat bei seinen Freilandhühnern endlich keine Verluste mehr. Es gibt auch Berichte, dass HSH Passanten gegenüber durchaus freundlich sind, wenn diese sich außerhalb ihres zu schützenden Territoriums befinden. Festzustellen ist, dass es zu diesem Thema etliches Für und Wider gibt. Ein Aufgabenbereich also, dessen Schutz gut überlegt sein soll, bevor man sich entsprechende Hunde zulegt.

Es sind übrigens nicht nur Wölfe, Füchse und Greifvögel, die unserem Nutzvieh gefährlich werden können. Zu nennen sind auch Luchse, die schon seit geraumer Zeit bei uns heimisch sind. Vor nicht allzu langer Zeit haben sich auch Marderhund und Goldschakal bei uns eingebürgert. Beides sind eher unangenehme Spezies, die besonders bei Schafen und Geflügel große Schäden verursachen können. Dem Nutztierhalter drängt sich zeitweise durchaus die Frage auf, ob man bei all diesen unangenehmen Herausforderungen eigentlich noch Tiere halten sollte. Es trotz all dieser Widrigkeiten zu tun, ist wohl zum großen Teil der Leidenschaft geschuldet, sie zu züchten und der damit einhergehenden Freude, gesunde und glückliche Tiere im Freiland beobachten zu können.

Was man bei all diesen Schutzaktionen nicht vergessen darf ist, dass diese für den Landwirt vor allem einen enormen zusätzlichen Kosten- und Arbeitsaufwand darstellen. Für manche Betriebe ist er sogar existenzbedrohend. Für die Allgemeinheit ist die Wolfsabwehr ebenfalls ein beträchtlicher Kostenfaktor. Die Weideeinrichtungen und die Hundebeschaffung werden momentan staatlich gefördert; das sind Steuergelder, die für andere Zwecke nicht mehr zur Verfügung stehen. Auch die Tatsache, dass HSH in unserer dicht bevölkerten Landschaft für Mensch und Hund ein unkalkulierbares Risiko darstellen, dürfen wir auf keinen Fall außer Acht lassen.

Der HSH passt gut auf seine Rinder auf.

Wachhunde für Haus, Hof und Familie

Ein Wachhund muss ganz bestimmte, seinen Aufgaben entsprechende Eigenschaften haben. Unterscheiden möchte ich hier zwischen Wach- und Schutzhund. Während Schutzhunde meist verteidigungsbereit sind, sollten Wachhunde in der Regel ihre Bewachungsaufgabe etwas sanftmütiger angehen. Die meisten unserer Hütehunderassen sind für den Wachdienst gut geeignet.

Da diese Hunde auch teilweise als Familienhunde gehalten werden, werde ich sie als **Hof-Familienhund (HFH) bezeichnen**. Der Hofhund ist oftmals ein etwas älterer Hütehund, der die Hofgrenzen sicher nicht überschreitet. Ob er auch im Haus Familienanschluss hat, ist von Fall zu Fall unterschiedlich. Seine Hauptaufgabe in den landwirtschaftlichen Betrieben ist vor allem die Präsenz im Hofbereich. Eine aktive Schutzfunktion wird von ihm meist weniger erwartet. Im Idealfall wird er zu Besuchern freundlich sein. Nachts soll er dann Eindringlinge durchaus durch Bellen melden und Füchse und Marder vom Hof fernhalten.

Ein guter Wächter, dieser DSH

Jagdhunde sind in der Regel die am wenigsten geeigneten Hofhunde. Ein freistehender Bauernhof mit angrenzenden Feldern, Buschland und Wäldern ist für den Jagdhund eine allzu große Einladung zum „Fremdgehen". Der süße Welpe, den der Landwirt vom befreundeten Jäger geschenkt bekam, wird leider für Mensch und Hund selten zur Erfolgsgeschichte. Auch Herdenschutzhunde haben zwar in der Regel eine ausgeprägte Wach- und Schutzfunktion; für die Erziehung dieser Hunde sollte aber die nötige Fachkenntnis vorhanden sein, damit sie der Aufgabe als Hofhund gerecht werden können. In manchen Betrieben sind gelegentlich auch verschiedene Terrier-Rassen zu finden. Die Bekämpfung von Ratten und Mäusen ist für sie eine willkommene Aufgabe.

Von einem guten Hofhund erwartet man eine ausgeprägte Hoftreue, was aber wieder eine Frage der Ausbildung ist (ein klares „Nein", wenn er die Hofgrenze überschreitet, und ein Lob, wenn er an ihr anhält). Auch das Melden von Eindringlingen im Hofbereich oder anderer Unstimmigkeiten im nahen Umfeld sind in der Regel seine Aufgaben. Der Hundeführer bestimmt, ob ein Lautgeben erwünscht ist oder nicht. Das Kommando „Ruhig" oder eine positive Verstärkung, wenn der Hund bei gewissen Vorkommnissen wie gewünscht bellt, sind ebenfalls Ausbildungsaufgaben.

In diesem Zusammenhang möchte ich auch den **Hovawart** (Hofwart/Hofwächter) erwähnen, der schon aus Schriften des Mittelalters bekannt ist.

Hovawart, der bereits seit dem Mittelalter als guter Wachhund bekannt ist.

Ende des 19. Jahrhunderts wird er als Haus- oder Hofhund beschrieben, der im Aussehen dem heutigen Rassestandard weitgehend entspricht. Der Hovawart ist ein sehr ursprünglicher Hofhund mit einer lang zurückverfolgbaren Tradition als Bewacher unserer Bauernhöfe.

Die Wächtereignung unserer eigenen Hunde ist schon fast eine Selbstverständlichkeit, die wir tagtäglich auf unserem Hof erleben. Wenn wir Besucher bekommen, dann wundern sich die meisten, dass sie nicht bellend begrüßt werden. Ich kann ihnen dann versichern, dass unsere Hunde sehr wohl unterscheiden können, ob Besucher in friedlicher Absicht kommen oder nicht. Sie kennen natürlich all die wiederkehrenden Besucher und auch deren Fahrzeuge. Kommt ein Fremder und hat er einen ausgefallenen Fahrstil, dann melden sie das entsprechend. Auch, wenn auf dem Hof ungewohnte Ereignisse stattfinden – Tiere ausbrechen, der Fuchs sich um die Ecke schleicht, ja selbst wenn es Geburtsprobleme bei einer Kuh gibt –, haben sie bestimmte Belllaute, die wir in gewissem Rahmen den Vorkommnissen entsprechend zuordnen können. Unsere eigenen Hunde haben also außer der Hütefähigkeit auch andere Eigenschaften, die sie für unseren Hof besonders wertvoll machen.

Gute Wachhunde haben in der Regel ein außerordentliches Gespür für Unstimmigkeiten und Gefahren, die ihr Territorium und ihren Rudelbereich betreffen. Das ist ein weiteres Talent, das unsere Hunde – auch außerhalb der Hüteanforderungen – so ausgesprochen nützlich für uns macht.

Ein guter Wächter wird sich auch durch Bellen bemerkbar machen.

Hunde sind für viele von uns treue Gefährten. Kein anderes Haustier geht mit seinem Menschen eine so enge Bindung ein wie der Hund.

Helfer mit
vielseitigen Talenten

Rettungs-, Spür- und Therapiehunde

Ihr besonders leistungsfähiger Geruchssinn und ihr soziales Verhalten machen Hunde zu perfekten Helfern. So hat der Arbeitsbereich von Rettungs- und Spürhunden eine lange Tradition im Einsatz für den Menschen. Bekannt wurde so beispielsweise der Bernhardiner, der bereits im 17./18. Jahrhundert im Schweizer Hospiz St. Bernhard gezüchtetet wurde und als Lawinenhund zum Einsatz kam. Auch in den später folgenden europäischen Kriegen wurden Hunde für verschiedene Aufgaben herangezogen – für den Munitionstransport, als Melder oder Wächter. Auch im Sanitätsbereich und bei der Flächen- und Trümmersuche wurden sie eingesetzt. Inzwischen hat sich das Aufgabengebiet unserer Rettungs- und Spürhunde enorm erweitert – auf Bereiche, die mancher von uns nicht für möglich halten wird.

Unsere Hunde sind soziale Beutegreifer, die zum Überleben besonders leistungsfähige Sinnesorgane und sichere Instinkte benötigen. Da ist zum einen der Jagdinstinkt, der spezielle körperliche Fähigkeiten voraussetzt. Ebenfalls von größter Relevanz ist der Rudelinstinkt, der für viele von uns eine emotionale Bedeutung hat. Auch wenn Hunde für uns Menschen häufig als Partnerersatz und Freizeitgefährten fungieren, so dürfen wir trotzdem ihre empathischen Fähigkeiten nicht außer Acht lassen. Dazu aber später mehr.

Der Geruchssinn ist die wichtigste Sinneswahrnehmung des Hundes. Je nach Hunderasse übertrifft er den des Menschen um das Zwanzig- bis Vierzigfache. Beim Menschen ist das Auge das Sinnesorgan, mit welchem er sich vornehmlich in seiner Umgebung zurechtfindet. Der Hund dagegen nimmt seine Umwelt in erster Linie mit der Nase wahr. Die Sinneswahrnehmung eines Hundes ist damit – rein aufgrund der Riechfläche – um ein Vielfaches größer als beim Menschen. Bei den Riechsinneszellen spricht man sogar von einer millionenfachen Überlegenheit zugunsten des Hundes. Wir Menschen haben ungefähr fünf Millionen Riechzellen, Hunde dagegen bis zu 300 Millionen.

Der Hund wird seine Wahrnehmungen also in der Hauptsache durch seinen Geruchssinn erzielen. Er ist sozusagen der Meisterschnüffler unter den Haustieren. Man sagt auch: „Der Hund sieht durch seine Nase". Das Rie-

Der Hund ist der Meisterschnüffler unter den Haustieren.

Hunde sind Gemeinschaftswesen. Im Rudel sind sie stark und leistungsfähig.

chen des Hundes ist bei uns Menschen vergleichbar mit dem Lesen von Nachrichten. In seiner Freizeit und bei Spaziergängen sollte dem Hund deshalb dieses Grundbedürfnis, an allem und jedem zu schnuppern, durchaus erlaubt werden. Er kann zum Beispiel am Duftbild einer Spur feststellen, in welche Richtung ein Tier gelaufen ist – und das nur, weil die Geruchsintensität hin zum Tier bei jedem Schritt stärker wird. Ein Geruchsunterschied von unvorstellbarer Geringfügigkeit also – zumindest für uns Menschen. Hunde atmen bei der Nasenarbeit bis zu 300-mal pro Minute ein und aus. Dabei verlieren sie durch Hecheln und Schnüffeln eine Menge Flüssigkeit. Damit die Schleimhäute bei längerer Nasenarbeit nicht austrocknen, ist darauf zu achten, dass die Möglichkeit zu ausreichender Wasseraufnahme besteht. Da Geruchsmoleküle auf feuchtem Untergrund besser aufgenommen werden können, lecken sich Hunde immer wieder die Nase, um sie feucht zuhalten.

Der Rudelinstinkt ist verantwortlich dafür, dass die Jagdgemeinschaft aus gut funktionierenden Mitgliedern erhalten bleibt und sich das Rudel auch entsprechend vermehren kann. In einer intakten Gemeinschaft müssen sich die Mitglieder auch in gewisser Weise selbstlos um die anderen kümmern. Sie müssen also mehr oder weniger empathische Fähigkeiten besitzen, Empfindungen des Gegenübers wahrnehmen und angemessen darauf reagieren. Der Beschützerinstinkt und auch die Fähigkeiten unserer Hunde, das menschliche Wohlbefinden zu erkennen, unsere Mimik zu lesen und sogar Gedanken zu „erraten", dürften auf diesen genetisch verankerten Rudelinstinkt zurückzuführen sein. Beispiele dafür sind Assistenz- und Therapiehunde, die gelernt haben, ihren Menschen im Alltag zu helfen.

Wie wir uns die Fähigkeiten unserer Rettungs- und Spürhunde zunutze machen, kann im Rahmen dieses Buches nur begrenzt thematisiert werden. Dieses Fachgebiet wird in zahlreichen anderen, spezifischen Publikationen behandelt. Trotzdem möchte ich diese Thematik in Erinnerung bringen, da unsere Hütehunde – außer ihrer besonderen Hüteeignung natürlich – auch diesbezüglich unschätzbare Talente besitzen.

Bei der Hütearbeit am Vieh ist der Geruchssinn in der Regel nicht ausschlaggebend.

Hütehunde arbeiten überwiegend – wie beispielsweise auch Windhunde bei der Jagd – auf Sicht. Der Geruchssinn wird dabei weniger benötigt. Soll der Hund aber für Aufgaben wie die Kälbersuche zum Einsatz kommen, spielt die Nasenarbeit natürlich eine wichtige Rolle. Die vorhandene Geruchsempfindlichkeit eines „normalen" HH wird in der Regel dafür ausreichen. Wenn ein Hütehund in seiner Freizeit überdurchschnittlich stark mit seiner Nase aktiv ist, kann das durchaus als akzeptabel angesehen werden. Ist er jedoch im Hüteeinsatz, sollte er keinerlei Neigung zum Schnüffeln in Bodennähe zeigen. Er könnte sich dadurch sogar als ungeeignet für die Arbeit am Vieh erweisen.

Trotzdem ist das **Riechpotenzial** unserer HH auch im landwirtschaftlichen Bereich für etliche Aufgabenstellungen durchaus nützlich. Auf unserem Hof wird das vor allem für das Suchen von Jungtieren wie Kälbern und kleinen Lämmern häufig benötigt. Bei neugeborenem Nachwuchs ist vielfach der Urinstinkt, sich gut zu verstecken, noch ausgeprägt vorhanden. **Neugeborene Kälber** sind in der Weidehaltung in den ersten Lebenstagen oft plötzlich nicht mehr zu finden. Ihr Instinkt veranlasst sie, sich im Gebüsch, hohen Gras oder in Bodensenken zu verstecken. Die Mutter weiß zwar in den meisten Fällen, wo sich das Kalb befindet. Durch Störungen im normalen Weidealltag (Umtreiben der Herde, fremde Hunde, Zaunprobleme etc.) kann es aber durchaus vorkommen, dass das Kalb nicht auffindbar ist. Als Tierbesitzer wird man dann zuerst das nahe Gebüsch, hohe Gras oder auch angrenzende Mais- und Getreidefelder absuchen. Den menschlichen Fähigkeiten sind im Vergleich zu den tierischen dahingehend aber sehr enge Grenzen gesetzt. Unsere Sinnesorgane sind besonders bei Geruch und Gehör denen der Kaniden weit unterlegen. Hier bietet sich also der Einsatz unserer Hütehunde unbedingt an. Sie haben teilweise besondere Suchqualitäten, wenn es um das Aufspüren von Jungtieren geht: Ohne spezielle Suchhundeausbildung begreifen sie auf Anhieb, dass und wie ihre Unterstützung gefragt ist. Sie spüren unsere Anspannung, wenn sie uns auf der Suche begleiten, und wissen meist sehr schnell, was wir von ihnen erwarten. Wittern sie das Kalb, machen sie uns dann mit Vorstehen, Bellen oder ähnlichen Verhaltensweisen darauf aufmerksam. Dieses Anzeigen kann aber auch mit kaum wahrnehmbaren Verhaltensweisen geschehen. Ein kurzes Schnuppern oder sekundenlanges Verharren sind oft die einzigen Zeichen, dass sie etwas gewittert haben. Das heißt, der HF muss auf kleinste Veränderungen im Verhalten seines

Mäuse schnüffeln: eine besondere Leidenschaft.

Unser Mirk war ein besonders talentierter Putentreiber.

Hundes achten. Ist das Kalb gefunden, sollte die Mutter, wenn möglich, zur Fundstelle gebracht werden. Kälber, die sich instinktiv ein gutes Versteck gesucht haben, sind meist besonders agil. Wenn sie in ihrem Versteck aufgeschreckt werden, können sie kopflos in eine beliebige Richtung flüchten. Sie sind schneller als der Mensch. Wird das Junge außerhalb der Einzäunung gefunden, ist es vorteilhaft, wenn der Elektrozaun kurzzeitig ausgeschaltet wird. Ein Stromschlag beim Zurücktreiben auf die Weide kann ebenfalls mit einer heftigen Fluchtreaktion enden.

Auch **Lämmer** können beim Umtreiben schon einmal unbeabsichtigt verlorengehen. Am Verhalten der Mütter merkt man dann, dass sie ihren Nachwuchs vermissen. Hier hilft nur, den Triebweg zusammen mit dem Hund zurückzugehen. Für den Hund heißt das Kommando dann „Such verloren!". Gefunden wird das Lamm eigentlich immer. Wenn es ein besonders agiles Lamm ist, ist wiederum ein guter Hund gefragt. Lämmer fangen, ohne sie dabei zu verletzen, ist eine ganz spezielle Fähigkeit, die ich an meinen Hunden besonders schätze.

Unsere **Freilauf-Puten** hatten die Angewohnheit, sich mit ihren neugeborenen Küken im umliegenden Gelände zu verstecken. Wenn wir sie zur Abendzeit nicht zurück in den Stall brachten, haben wir den Fuchs damit meist sehr glücklich gemacht – und wir hatten eine Putenfamilie weniger. Die einzige Möglichkeit, sie zu finden, war die Hilfe unserer beiden Spezialisten Mirk und Fly. Zusammen mit diesem Border-Team musste ich dann unser umliegendes, weitläufiges Hofgelände abgehen. Sie zeigten die Verstecke mit Vorsteh-Haltung an. Meist waren wir zusammen erfolgreich. Wenn nicht, war es der Fuchs – auch das kam leider manchmal vor.

In der Landwirtschaft gibt es natürlich noch eine Reihe weiterer Vorkommnisse, bei denen Hunde mit ihrer Nasenarbeit behilflich sein können. Ihr Potenzial ist hier noch lange nicht ausgereizt.

Viele Hilfestellungen, die uns unsere Hunde bieten können, sind momentan noch Neuland und könnten meiner Meinung nach wesentlich weiter ausgebaut werden. Da wären zum Beispiel all die Spürhundhilfen, die **im Bereich des menschlichen Gesundheitswesens** noch lange nicht ausgereizt sind. Auch **im Tierbereich** wird leider noch viel zu wenig mit den Fähigkeiten unserer Hunde gearbeitet. Relativ einfache, für die Hundenase gut leistbare Anforderungen wären beispielsweise Trächtigkeitserkennung, Fruchtbarkeitsereignisse, Parasitenbefall oder auch Krankheiten – um nur einige zu nennen.

Eine recht neue Aufgabe, den **Waldschutz**, möchte ich hier noch kurz ansprechen. Der Fachausdruck für Hunde, die mit ihrer Nase an Bäumen tätig werden, ist **„Gehölzpathogen-Spürhund"**. Bei der Suche nach Baumschädlingen und Pathogenen riechen sie das, was der Mensch nicht sehen kann. Eingesetzt werden sie bei der Suche nach pilzlichen Pathogenen und auch nach tierischen Schaderregern. Ein hervorragendes Beispiel für die enorme Nützlichkeit entsprechend ausgebildeter Hunde ist der erst in den letzten Jahren von China nach Europa als blinder Passagier eingeschleppte Laubholzbockkäfer. Da seine Larven sich vom gesunden Holz vieler Laubbaumarten ernähren, ist er für Europa eine ernstzunehmende Gefahr und wird zu den 100 gefährlichsten Schadorganismen gezählt. Da Hunde alle Gerüche dieses Schädlings von Ei über Larve, Puppe und Käfer bis hin zu Fraßspuren erkennen können, nehmen sie vor allem in der Prävention eine wichtige Rolle ein. So können unentdeckte Schädlinge im Verpackungsholz von Importgütern aus China frühzeitig aus dem Verkehr gezogen werden.

Der Gehölzpathogen-Spürhund wartet auf seinen Einsatz.

Da wir uns gerade mit dem Wald beschäftigen, sollten wir auch die weithin bekannte Trüffelsuche ansprechen. Obwohl grundsätzlich fast alle Hunde für die Trüffelsuche geeignet sind, ist es hier vor allem der Lagotto Romagnolo, eine italienische Hunderasse, die seit Langem für die Trüffelsuche eingesetzt wird. Diese Rasse zählt zu den Apportier- und Stöberhunden, ist also kein

Ein Lagotto Romagnolo bei der Trüffelsuche.

Hütehund im Sinne der Thematik dieses Buches. Ich denke, es versteht sich von selbst, dass wir uns insbesondere bei Rettungs- und Spürhunden nicht alleine auf Hütehunde berufen können.

Inzwischen weiß man, dass Pflanzen mit Duftstoffen kommunizieren, um sich gegenseitig vor Schädlingen und Krankheiten zu warnen bzw. zu schützen. Auch hier liegt meiner Meinung nach ein weiteres Aufgabengebiet, auf das man unsere Hunde trainieren könnte. Ein weiteres Beispiel dafür, dass das Suchpotenzial unserer Hunde auch in der Landwirtschaft bei Weitem nicht ausgeschöpft ist.

Im Einsatz für den Menschen sind Rettungs- und Spürhunde seit Langem bekannt.

Auch hier gibt es in Sachen Geruchsleistung fast nichts, was einer Hundenase nicht abverlangt werden kann. Früher galten diese Fähigkeiten mehr oder weniger als von Gott gegeben; Hunde wurden vielfach nicht bewusst ausgebildet. Inzwischen werden Hunde intensiv und gezielt für bestimmte Aufgabenbereiche ausgebildet und trainiert. Sie sind dann Spezialisten für ein klar umgrenztes Aufgabengebiet. Für alle aber gilt, dass ein fachkundiger Hundeführer absolut erforderlich ist, um diese verantwortungsvolle Aufgabe ausüben zu können.

Rettungshunde müssen physisch und psychisch robust sein – so wie das bei unseren HH, besonders wenn sie Arbeitslinien entstammen, der Fall ist. Sie müssen mit unterschiedlichsten

Trümmersuche ist eine schwierige Aufgabe im Rettungsbereich.

Bedingungen wie beispielsweise im Tiefschnee oder im Trümmergelände nach Erdbeben zurechtkommen. In der Regel werden Hunde mittlerer Größe bevorzugt, da sie leichter zum Einsatz gebracht werden können. Werden sie jedoch für die **Wasserrettung** gebraucht, dann ist der schwerere Hundetyp gefragt, damit er zusammen mit seinem Hundeführer eine Person bergen kann. Diese Hunde sollten ein gelassenes Wesen besitzen, was natürlich auch eine Frage der Ausbildung und des Trainings ist. Die bekanntesten Hunde aus dem Rettungsbereich sind wohl die traditionellen **Lawinensuchhunde**. Unter meterdicken Schneeschichten können sie Verschüttete wittern und helfen, sie zu bergen. Gut ausgebildete Rettungshunde können unwegsames Gelände in ziemlich kurzer Zeit absuchen. In der Regel geht es um die **Suche nach ver-**

Ein Lawinensuchhund bei der Arbeit.

Rettungshunde auf der Suche nach einer vermissten Person.

missten Menschen. Oft werden ältere Menschen gesucht, die beispielsweise an Demenz erkrankt sind und sich verlaufen haben. Elementar sind natürlich auch die Einsätze in Erdbebengebieten, bei denen verschüttete Überlebende und leider auch Leichen gesucht werden müssen. Insgesamt also Aufgabenbereiche, die mit den vielfältigsten Anforderungen einhergehen und vor allem dazu dienen, Menschen – aber auch Tiere – aus einer Notlage zu helfen.

Spürhunde haben andere Aufgabenbereiche als Rettungshunde. Sie dienen aber ebenfalls der Sicherheit in vielen Bereichen unseres Lebens. Hier geht es vor allem um die Suche nach Substanzen mit vielfältigen Geruchsbildern.

Beim Zoll sind Spürhunde wichtige Helfer.

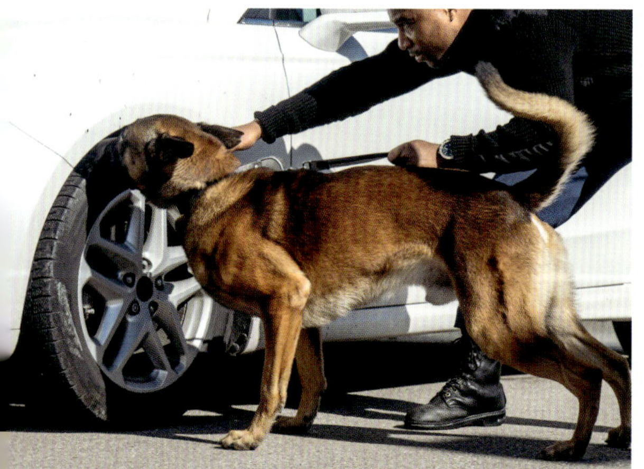

Spürhunde sind in der Regel Spezialisten, die auf das Erschnüffeln bestimmter Substanzen trainiert sind. Am bekann-

K9-Polizeihund sucht am Flughafen.

testen sind in diesem Bereich wohl die **Drogenspürhunde**, die bei der Polizei oder beim Zoll zum Einsatz kommen. Mit ihrer sensiblen Nase können sie feinste Gerüche erfassen und Verstecke anzeigen. Dabei müssen/können sie auf ganz bestimmte Substanzen spezialisiert werden, denn Cannabis riecht eben anders als Ecstasy, Opiate oder Amphetamine.

Es gibt noch viele weitere Aufgaben, für die Spürhunde Verwendung finden. So wird zum Beispiel an Flughäfen

Therapiebegleithund im häuslichen Einsatz.

nach Bargeld, Tabak, Drogen und sogar nach geschützten Tierarten im Gepäck gesucht. Cyber- und Handyspürhunde suchen nach digitalen Medien, Schimmelspürhunde sind bei der Gebäudebegutachtung im Einsatz. Ein weiterer neuer Aufgabenbereich ist das Aufspüren von Coronasymptomen bei uns Menschen. Das gesamte Spektrum detailliert abzubilden würde hier zu weit führen. Was man in diesem Zusammenhang aber wissen sollte ist, **dass intensive Nasenarbeit für einen Hund Schwerstarbeit bedeutet.** Nach 20 bis 30 Minuten intensiver Suche brauchen sie in der Regel eine ausgiebige Pause.

All dies zeigt, dass es fast nichts gibt, was ein Hund mit seiner feinen Nase nicht leisten kann. Natürlich ist nicht jeder Hund ein Allroundgenie. So wird berichtet, dass sich beispielsweise nur zehn Prozent aller Hunde als Drogenspürhunde eignen. Aufgrund der Vielseitigkeit unserer Hütehunde sind aber gerade sie es, die häufig bei den verschiedensten Hilfseinsätzen zu finden sind.

Ein Therapiebegleithund ist ein Besuchshund, der seinen Halter in einer therapeutischen oder medizinischen Maßnahme unterstützt. Er kommt bei Behandlungen in Institutionen und auch im häuslichen Bereich zum Einsatz. Tiergestützte Behandlungen in der Psycho-, Ergo-, Physio- und Sprachtherapie sind Einsatzgebiete dieser Hunde. Auch in Zusammenarbeit mit Lehrern und Pflegekräften bei der Unterstützung von Kindern finden sie Verwendung. Bei den Ansprüchen an spezifische Wesensmerkmale wird zwischen aktiven und reaktiven Hunden unterschieden. Der Aktive ist der eher motivierende Typus, der eigene Ideen einbringt und einen gewissen Aufforderungscharakter an den Tag legt. Der Reaktive ist der eher introvertierte Hund, der sich gerne streicheln lässt und auf die Befindlichkeiten der Patienten empathisch reagiert.

Bei Kindern mit körperlichen oder geistigen Einschränkungen kann der Kontakt zu Tieren, in unserem Fall zu Hunden, so einiges bewegen. So kann es vorkommen, dass Kinder, die kaum oder gar nicht sprechen, mit dem Hund in einen Dialog treten – nonverbal oder

Der Hund leistet Gesellschaft, schenkt Aufmerksamkeit und Zuneigung.

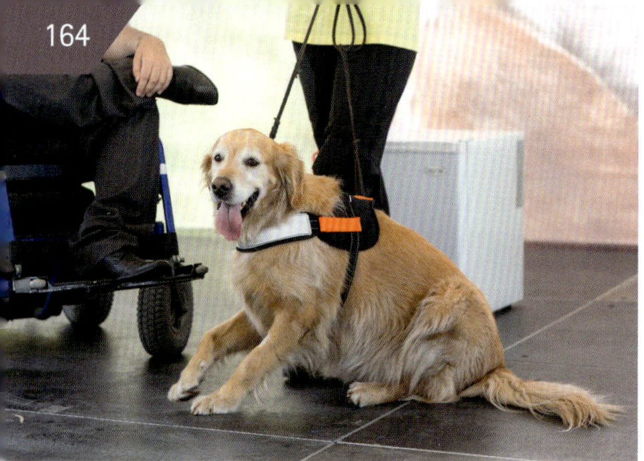

Assistenzhund

sogar mit Worten. Sie generieren dabei eine Verbindung zum Tier, berühren es und zeigen oft ein anderes Verhalten, als sie es Menschen gegenüber zu tun imstande sind. Auch bei psychisch Kranken können Hunde durch ihre Gesellschaft eine Linderung der Symptome bewirken. Sie können Depressionen entgegenwirken und zu neuem Lebensmut verhelfen.

Ein Assistenzhund lebt mit seinem Menschen zusammen und ist speziell für dessen Hilfe ausgebildet. Diese Hunde können unterstützend bei vielen Krankheiten und Behinderungen ihrer Besitzer tätig werden. Ihre Aufgabe ist es, den Menschen bei der Bewältigung ihrer Alltagsanforderungen zu helfen.

Blindenführhund

Voraussetzung für die Haltung eines Assistenzhundes ist natürlich eine positive Einstellung Hunden gegenüber. Auch müssen das Umfeld und die Lebensumstände eine Hundehaltung erlauben. Für die Ausbildung der Hunde gibt es qualifizierte Trainer, die für eine professionelle Hilfestellung verfügbar sind. Ausgebildete Assistenzhunde tragen in der Regel ein besonders Geschirr und oft auch eine spezielle Leine, „Berufskleidung" also. Man sollte diese Hunde bei der Arbeit nicht einfach ansprechen oder gar anfassen. Durch solche Ablenkungen kann der Halter möglicherweise in große Schwierigkeiten oder gar in Lebensgefahr gebracht werden.

Als bekanntestes Beispiel dieser Sparte sind wohl die **Blindenführhunde** zu nennen, umgangssprachlich als „Blindenhunde" bekannt. Sie sind speziell ausgebildete Assistenzhunde, die blinden oder stark sehbehinderten Menschen helfen, sicher durch den Alltag zu finden. Egal ob Ampeln, Treppen oder Türen – sie ermöglichen ihren Haltern ein deutlich erhöhtes Maß an Mobilität und Unabhängigkeit.

Ein Schul-Besuchshund gehört zum Bereich der tiergestützten Pädagogik. Diese Hunde müssen natürlich ein besonders umgängliches Wesen, eine erhöhte Toleranz gegenüber Kindern und eine gewisse Stressresistenz besitzen. Hier ist zu beachten, dass nicht jeder Mensch ein Hundefreund ist und durchaus auch negative Erfahrungen gemacht haben kann. Man muss also davon ausgehen, dass es Lehrkräfte, Eltern und oder Kinder geben wird, die einen Schulhund nicht akzeptieren

Schulhunde sind wichtige Lernbegleiter. Sie vermitteln Anerkennung, Aufmerksamkeit und Geborgenheit. Ein Einsatz, den ich mir persönlich an Schulen vermehrt wünschen würde!

werden. Trotzdem ist dies eine wichtige Arbeit; ich kenne mehrere Lehrkräfte, die beste Erfahrungen mit ihrem Schul-Besuchshund machen konnten und berichten, dass die Kinder durch die Anwesenheit des Hundes im Klassenraum wesentlich umgänglicher sind und aufmerksamer am Unterrichtsgeschehen teilnehmen.

Tatsächlich ist es mehr als erstaunlich, für welch breites Spektrum unsere Hunde im Dienst am Menschen einsetzbar sind. Auch wenn dies mit aufwendigen Ausbildungsaufgaben verbunden ist, so können sie mit ihrer Arbeit in den verschiedensten Lebenslagen zuverlässige Helfer sein. Dass sie mit ihrem Einsatz unsere Sicherheit verbessern, ja vielfach sogar als Lebensretter fungieren zeigt, wie eng die Hund-Mensch-Beziehung sein kann. Ebenso erwähnenswert ist – auch wenn dies für viele Aktive eventuell zweitrangig ist –, dass es einen kleinen finanziellen Bonus für geprüfte Helferhunde gibt. Hunde mit nachgewiesener spezieller Ausbildung werden vielfach von der Hundesteuer befreit, was bei Besitz mehrerer Hunde schon ins Gewicht fallen kann.

Einen alltagstauglichen Helfer würde ich einen Hund nennen,

der beim Menschen lebt und einfach Gefährte ist, ohne spezielle Ausbildung und ohne „Titel". Wie bereits erwähnt, werden die bisher angeführten Spezialisten für klar definierte Aufgabengebiete ausgebildet und trainiert. Meist haben sie auch bestimmte Prüfungen absolviert und entsprechende „Berufsbezeichnungen" sind in ihrem Stammbaum vermerkt. Bei den Hunden ist es also ähnlich wie bei uns Menschen – ohne Befähigungsnachweis sind die Betätigungsmöglichkeiten meist ziemlich straff reglementiert. Nun möchte ich aber den Alltagshund ansprechen, den treuen Gefährten und Freund, der seinen Menschen tagtäglich begleitet. Auch er ist ein Naturtalent in vielerlei Hinsicht, wenn wir das auch nicht immer bewusst wahrnehmen.

Als Haushunde werden vielfach Hunderassen bezeichnet, die besonders für Familien mit Kindern geeignet sind. Immer wird darauf hingewiesen, dass diese Hunde ausreichend Bewegung brauchen und täglich mehrmals Gassi geführt werden müssen. Des Weiteren wird angemahnt, dass die jeweilige Lebenssituation zur Hundehaltung passen muss. Grundsätzlich sind diese Empfehlungen natürlich als Vorüberlegungen vor Anschaffung eines Hundes richtig. Man darf jedoch nicht vergessen, dass alle Hunderassen – und selbst die Individuen innerhalb einer Rasse – beträchtliche Unterschiede hinsichtlich ihrer Alltagstauglichkeit aufweisen. Ich denke, uns allen ist bewusst, dass jedes Haustier beträchtliche Zuwendung und Fachwissen benötigt, damit die Mensch-Hund-Partnerschaft zu beidseitiger Zufriedenheit gestaltet werden kann.

Hunde halten ihren Besitzer fit und in Bewegung – einer der größten Vorteile der Hundehaltung. Bei jedem Wetter muss man an die frische Luft und steigert dadurch die physische Gesundheit und Agilität. Man trifft andere Hundehalter, kommt ins Gespräch und steigert das soziale Wohlbefinden – ja, sogar in der eigenen Familie wird der Zusammenhalt verbessert. Man sagt auch, dass Tierhalter ärztliche Hilfe seltener in Anspruch nehmen müssen als Nicht-Tierhalter – wenn das auch nicht belegbar ist. Was aber durchaus wissenschaftlich belegt werden kann ist, dass das Streicheln von Tieren die Ausschüttung von Stresshormonen verringert und dadurch der Blutdruck gesenkt wird. Auch die These, dass Hunde und Katzen das Herzinfarktrisiko minimieren, ist durch Studien verifiziert worden. Wie man hört, legen wissenschaftliche Erkenntnisse sogar nahe, dass Hundehalter seltener von der Winterdepression betroffen sind. Der Preis dafür ist allerdings, dass sie öfter beim Gassigehen frieren müssen.

Auch im Regen kann der Spaziergang Spaß machen.

Neben den **Grundkommandos** (wie Sitz, Platz, Bleib, Komm, Aus, Nein und bei Fuß), die Familienhunde als Erziehungsbasis verinnerlichen müssen, verstehen sie – je nach Begabung und Trainingsintensität – eine gewisse Anzahl an Wörtern. Das beginnt bei schlichten 15 Wörtern und endet bei den besonders Begabten bei mehr als 200 Wörtern. Auch, dass Hunde aufgrund ihres exzellenten Gehörsinns stärker auf **Lärm** ansprechen als wir Menschen, ist im Zusammenleben zu beachten. Bestimmte Geräusche ängstigen Hunde, sie werden nervös und unruhig und können, je nach Temperament, sogar mit panischen Fluchtversuchen reagieren.

Was uns meiner Meinung nach aber immer zuvorderst bewusst sein muss ist, dass Hunde sich in der **Rudelgemeinschaft** am wohlsten fühlen. Sie sind hochsoziale Tiere und Nähe bedeutet Schutz und Geborgenheit. Soziale Gemeinschaft heißt aber auch, dass die Führungseignung des Menschen von höchster Relevanz ist. Um den Hund davon zu überzeugen, dass er in einer intakten Rudelgemeinschaft lebt, sollten folgende Ratschläge richtungsweisend sein: Biete Sicherheit, schaffe Klarheit, bleib ruhig und geduldig und verlange nichts, was dein Hund nicht gelernt hat oder was er nicht leisten kann.

Alle diese Erkenntnisse prägen unsere Erwartungshaltung an den Haushund. Er ist wie kaum ein anderes Tier in der Lage, ein unverzichtbares Mitglied der Familie zu werden. Es gibt aber auch noch andere Superlative, die mit ihm in Verbindung gebracht werden können!

Der **Stimmungserkenner** Hund merkt, ob es seinem Besitzer gut geht oder nicht. Hunde reagieren sensibel auf Stimmungen und Gefühle und können Depression, Trauer, Freude, Stress und Angst erkennen und ihr Verhalten demgemäß anpassen. Nicht unterschätzen sollte man ihre Fähigkeit, die Stimmungslage des Menschen zu jeder Zeit auch über ihr Geruchsempfinden abschätzen zu können.

Die Fähigkeit der Stimmungserkennung liegt meiner Meinung nach, wie bereits berichtet, in der sozialen Natur des Hundes. Wenn sich im Rudel gewisse Abläufe synchronisieren, damit es zeitgleich – bei der Jagd zum Beispiel – auf gewisse Ereignisse reagieren kann, so kann man das auf eine Stimmungsübertragung zurückführen. Dazu gehört auch die Fähigkeit zur Nutzung eines auf **Emotionen begründeten Bewertungssystems**. Der Ausdruck „Emotion" hat seinen Ursprung im lateinischen „movere", zu Deutsch „bewegen". Emotionen liefern Hinweise, ob die Umgebung, wie sie wahrgenommen wird, mit Zielen und Erwartungen übereinstimmt. Sie dienen also als Bewertungssystem, mit dem eine Situation blitzschnell eingeschätzt und in Folge darauf reagiert werden kann. Obwohl diese Fähigkeit eigentlich auf elementare Entscheidungen wie Kampf oder Flucht ausgerichtet ist, so gibt es dafür auch eine andere Auslegung. Man spricht dann von einer angeborenen **„Basisemotion"**, die bei Freude, Trauer, Wut, Angst, Ekel, Überraschung und ähnlichem eine entsprechende Reaktion hervorruft. Eine Emotions- und Empathiefähigkeit also, die wir unserem Partner Hund mit Sicherheit zutrauen können.

Ein Helfer in allen Lebenslagen.

Dazu fällt mir eine Begebenheit bei einem Tierarztbesuch ein. Ein Hund und sein Besitzer kamen in dem Moment aus der Praxis, als ich dort ankam. Beide waren etwas älter, offensichtlich entkräftet und besonders der Hund wirkte krank und schwach. Meine Frage an den Hundehalter, den ich von früheren Begegnungen bereits kannte, war, ob der Hund aufgrund seines Leidens eingeschläfert werden solle. Die Antwort lautete: „Mit Sicherheit nicht!" Die Erklärung: Der Hund hatte ihm wenige Zeit vorher das Leben gerettet. Durch einen körperlichen Schwächeanfall war der Hundehalter kurz davor gewesen, ohnmächtig zu werden. Er hätte es selbst nicht bemerkt, hätte sein Hund ihn nicht mit heftigem Bellen daran gehindert, die Besinnung zu verlieren. Er kannte seinen Hund sehr genau, verstand sofort, dass er auf der Stelle handeln musste, ergriff mit letzter Kraft das Telefon, setzte einen Notruf ab und erwachte erst im Krankenhaus wieder aus seiner Ohnmacht. Die Ärzte versicherten ihm, dass er ohne diesen Anruf nicht überlebt hätte. Er hatte sein Leben also einzig der Aufmerksamkeit seines Hundes zu verdanken! Für mich eine berührende Geschichte, die mit der wunderbaren Fähigkeit der Hunde zur Stimmungserkennung erklärt werden kann.

Der Wohlfühlgenerator Hund ist eine Besonderheit, die sich im Laufe der Evolution im Zusammenspiel mit uns Menschen entwickelt hat. Damit meine ich die Wärme, die ein Hund ausstrahlt, und die fast schon menschlichen Blicke, wenn er uns ansieht und gestreichelt werden will. Wenn wir an all die Möglichkeiten denken, Gesundheit und körperliches Wohlbefinden zu steigern, dann sollten wir auch die Auswirkungen eines Hundes auf die Psyche seines Besitzers auf keinen Fall vergessen.

Warum ein Hund dem Menschen guttut, hat eine Reihe von Gründen, von denen uns die allermeisten bekannt sind. Womit sollte man in der Aufzählung beginnen, ohne den Eindruck einer Reihung zu erwecken? Ist es das tägliche Gassigehen, das uns dazu zwingt, uns mehr zu bewegen? Sind es die Gefühle, die durch einen passenden tierischen Begleiter geweckt oder die Tugenden, die durch das sich Kümmern um ein anderes Geschöpf verstärkt werden?

Ein Familienspaziergang mit Hund – für alle eine Bereicherung und wertvolle gemeinsame Zeit.

Die positive Auswirkung der Bewegung, die mit dem täglichen Hundespaziergang zusammenhängt, ist unumstritten. Bewegung wirkt heilsam auf die Psyche, das Hirn wird besser durchblutet und der Körper schüttet Glücksbotenstoffe aus. Wenn wir dann noch das Glück haben, dass der Spaziergang mit dem Hund in freier Natur stattfinden kann und die Umgebung friedvoll ist, dann braucht es nicht viel mehr, um neue Kraft zu schöpfen, den Kopf frei zu bekommen und unser Stresssystem herunterzufahren. Hinzu kommt das Verantwortungsbewusstsein, das jeder von uns besitzt, bei vielen aber nie geweckt worden ist. Eine uralte Tugend, die in uns schlummert und die uns hilft, stark zu sein und uns selbst – und die uns Anvertrauten – ernst zu nehmen. Eine Tugend auch, die einem verantwortungsvollen Hundebesitzer täglich abverlangt wird und die ihm auch im Alltagsgeschehen nützlich ist.

Über diese Wohlfühlhilfen könnte man natürlich auch ein ganzes Buch schreiben. Um es aber kurz zu machen: Hunde beeinflussen unsere mentale und physische Gesundheit positiv; Hun-

de tun uns gut. Ob dieser Hund dann aber ein Hütehund sein sollte, hängt von deinem Lebensstiel und deinem Umfeld ab. Fakt ist: Viele unserer HH sind über die Hütearbeit hinaus auch als Helfer und Kameraden in anderen Bereichen aufs Beste im Einsatz.

Einen Allrounder würde ich einen Hund nennen, der für eine der inzwischen erwähnten Aufgaben speziell ausgebildet worden ist, daneben aber noch andere Fähigkeiten zeigt. Dazu eine Anekdote, die mir eine Rinderzuchtkollegin berichtete: Ihr Hütehund Rika wurde für die Rinderarbeit ausgebildet und ist ein absolut zuverlässiger Helfer für dieses Tätigkeitsfeld. In ihrer Freizeit wohnt sie mit der Familie im Haus. An das obligatorische tägliche Reinigungsprozedere, um den Stallgeruch zu vertreiben, hat sie sich inzwischen gewöhnt. Da die Landwirtschaft im Nebenerwerb betrieben wird, müssen Hund und Mensch schon frühzeitig in die Gänge kommen, damit der Mensch rechtzeitig bei der anderen Arbeitsstelle sein kann. Eines Morgens geht meine Kollegin also wie immer zusammen mit ihrem Hund durchs Haus, um zu den Tieren zu gelangen. Sie muss dabei am Schlafzimmer ihres Vaters vorbei. Ihre Hündin Rika läuft plötzlich zu dessen Schlafzimmertür, bellt aufgeregt und kratzt daran. Ihre Besitzerin versucht, dies zu verhindern, da sie ihren Vater um diese Zeit nicht stören möchte. Da der sonst immer gehorsame Hund ihre Kommandos aber nicht befolgt, öffnet sie die Tür, um sich bei ihrem Vater für den Lärm zu entschuldigen. Hier entdeckt sie ihren Vater mit ersten Symptomen eines Schlaganfalls. Durch die Aufmerksamkeit des Hundes konnte er glücklicherweise noch rechtzeitig ärztlich versorgt werden.

Diese Fähigkeit unserer Hunde, Notsituationen zu erkennen oder auch vorausschauend zu handeln, ist vielen von ihnen einfach angeboren. Viele Hundehalter glauben deshalb an einen „sechsten Sinn" ihrer Hunde. Ich habe selbst häufig die Erfahrung machen dürfen, dass der Hund weiß, was man als nächstes unternimmt – lange, bevor man es selbst weiß. Diese besondere Fähigkeit des vorausahnenden oder autonomen Handelns eines Hundes ist eben auch eine Eigenschaft, die besonders bei unseren ursprünglichen, naturbelassenen Hütehunden immer wieder zu beobachten ist.

Er weiß, was hinter verschlossenen Türen vor sich geht.

Die unermüdlichen Helfer aus der Sicht der Zeitenwende

Es gibt in der deutschen Sprache viele Sprichwörter und Redensarten, die Hunde zum Thema haben. Viele davon gehen auf das Mittelalter und die damals herrschenden Lebensumstände zurück. Aus heutiger Sicht werden die allermeisten der Komplexität unserer Hunde nicht gerecht; sie sind einfach dem damaligen Zeitgeist und natürlich Wissensstand geschuldet. Inzwischen haben wir dazugelernt und wissen, wie viel Hunde zu leisten imstande sind und von ihrer Überlegenheit in manchen Bereichen – sogar den menschlichen Fähigkeiten gegenüber. Von all den bekannten Redewendungen zum Thema Hund möchte ich mein Augenmerk auf drei ausgewählte richten, da sie meiner Meinung nach die Denkweise früherer Zeiten gut widerspiegeln.

Auf den Hund kommen bedeutet, dass es jemandem gar nicht gut geht. Der Betroffene kann verarmt sein, hat seine Gesundheit ruiniert oder kann sich aus anderen Gründen schlichtweg nicht mehr um ein sozial verträgliches Leben kümmern. Der Ursprung dieser Redewendung kann aus verschiedenen historischen Gegebenheiten hergeleitet werden.

Die aussagekräftigste Variante erscheint mir die mittelalterliche Sitte, die Innenseite von Truhenböden mit dem Bild eines Hundes zu versehen, der symbolisch den Inhalt der Truhe vor Dieben bewachen soll. Den Hund sehen zu können bedeutet, dass die Truhe leer war und man sprichwörtlich „auf den Hund gekommen ist".

Eine andere Variante ist ähnlich naheliegend: Verarmte Kleinbauern oder auch Handwerker konnten sich keine Zugtiere wie Esel oder gar Pferde mehr leisten und mussten deshalb auf Hundegespanne zurückgreifen.

Eine dritte Bedeutung bezieht sich auf das Wegschaffen von Material in Bergwerken, bei der Hundegespanne eingesetzt wurden. Wenn ein Bergmann sich eines Vergehens schuldig gemacht hatte, dann wurde er zum „Hundefahren" degradiert. Er bekam dadurch den geringsten Lohn und war somit ebenfalls „auf den Hund gekommen".

Heulen wie ein Schlosshund

Auch dies ist ein Ausdruck mit wenig erfreulichem Hintergrund: Früher wurden Hunde sehr häufig ein Leben lang ohne soziale Einbindung an der Kette gehalten, die auch als „Schloss" bezeichnet wurde. Diese Hunde waren für langanhaltendes Bellen und Heulen bekannt – und wurden daher auch als „Schlosshunde" bezeichnet.

Bekannt wie ein bunter Hund
Damit sind auffallende Personen gemeint, die durch ihre außergewöhnliche Optik und ihr Verhalten besondere Aufmerksamkeit erhalten – ähnlich wie bunt gefleckte Hunde, die eher auffallen als ihre einfarbigen Artgenossen. Dies ist eine Redewendung, die ursprünglich eher Personen mit negativen Charaktereigenschaften zugedacht war.

Zeitenwende

Früher wurden Hunde hauptsächlich für bestimmte Aufgabengebiete gehalten. Die Hilfe bei der Jagd, das Bewachen des Hofes, das Hüten des Viehs, das Ziehen von Lasten und vieles mehr war über lange Zeit ihr primäres Tätigkeitsfeld. Die meisten Hunde haben heute in diesem Sinne keine wirklichen Aufgaben mehr. Es gibt aber inzwischen vermehrt Hunde, die ganz gezielt für spezielle Bereiche ausgebildet werden (wie oben beschrieben).

Egal, ob diese Hunde im Sportbereich oder als Gebrauchshunde für alle möglichen Aufgaben Verwendung finden: Sie alle leisten hervorragende Arbeit, zu der wir Menschen in dieser Form nicht in der Lage wären. Doch wollen wir auch die Mehrheit der Hunde nicht vergessen, die nicht für spezielle Anforderungen benötigt werden. Auch sie sind überaus wertvoll für den Menschen. Hier möchte ich den Hund als **„Wohlfühlgenerator“** nochmals in Erinnerung bringen: Einen Hund also, der uns in allen Lebenslagen einfach guttut.

Zum Abschluss auch nochmals die Antwort auf die Frage: Warum haben Hund und Mensch so viele Gemeinsamkeiten? Wir haben sie, weil wir soziale Säugetiere sind, ähnliche Hierarchien besitzen und uns gut an unsere Umgebung anpassen können.

Veränderungen brauchen Zeit. So ist glücklicherweise die Wertschätzung unserer Hütehunde in den letzten Jahrzehnten enorm gestiegen. Inzwischen wissen wir, dass es noch vieles gibt, was wir von unseren Hunden lernen können und dass das Leistungsvermögen ihrer Sinnesorgane für den Menschen noch lange nicht vollständig bekannt oder gar ausgeschöpft ist.

Die Redensart „auf den Hund gekommen“ könnte – im Sinne der Zeitenwende – aus heutiger Sicht positiv zum Dreizeiler umformuliert werden:

Du bist
auf den Hund gekommen,

zum Glück

hast du ihn
bei dir aufgenommen.

Obedience-Champions Jacey und Rose vom Thurnhof.

Die Thurnhof-Champions

Champion-Team der Deutschen Obedience Meisterschaft 2023.

Champion-Team der Deutschen Obedience Meisterschaft 2018.

Der Moment der Siegerehrung ist die Krönung fachkundiger und intensiver Trainingsarbeit. Ein Ereignis, das natürlich auch Züchter besonders freut.

Serviceseiten

Literaturverzeichnis

Chifflard, H. / Sehner, H. (1996): Ausbildung von Hütehunden. Verlag Eugen Ulmer, Stuttgart
Feltmann, G. (2003): Die Kunst, mit dem Hund zu reden. Frankh-Kosmos Verlag, Stuttgart
Finger, K.H. (1988): Hirten- und Hütehunde. Verlag Eugen Ulmer, Stuttgart
Lehari, G. (2017): 400 Hunderassen von A-Z. Verlag Eugen Ulmer, Stuttgart
Meerman, S. / Hermes, A. (2006): Border Collies. Cadmos Verlag, Brunsbeck
Rott, U. (2019): Hütehunde in Deutschland. PhiloCanis Verlag, Templin
Schnepper, C. (2017): Impulskontrolle für Treib- und Hütehunde. Verlag Eugen Ulmer, Stuttgart
Sehner, H. (2022): Wie Hütehunde wirklich ticken. Verlagshaus Kastner, Wolnzach
Zimen, E. (1988): Der Hund. Bertelsmann Verlag, München

Bildverzeichnis

Herbert Sehner: S. 4/5 (m.), 41, 57, 105, 106, 112, 120 (r.o.), 122, 123 (l.o. und r.u.), 124 (r.o.), 134, 135, 139, 143
Anna Sehner: S. 9 (r.o.), 42/43, 86,
Vivienne Sehner: S. 48, 49 (o.), 50 (u.), 52 (o.), 101, 103 (o. und m.), 104, 113, 132, 159
Jens Gora: Autorenbild (Umschlag), S. 118 (o.), 119, 120 (l.o., l.u. und r.u.), 121, 123 (l.u. und r.o.), 124 (o.l.und u.l.)
Marion Boniface: S. 103 (u. Zeichnung)
Ursula Jurutka: S. 2/3 (m.), 9 (u.l.), 35 (m.), 36 (m.), 37 (o.), 50 (o.), 80, 111, 115, 156, 172 (o. und r.u.), 174
Ronja Rausch: S. 33 (o.)
Bianca Hutzler: S. 145 (l.u.)
Carla van Asdrichen: S. 7 (l.u.), 35 (u.)
Claudia Träger: Titel (r.u.), S. 2/3 (u.), 4/5 (o.), 9 (l.o. und r.u.), 30 (r.o. und l.o.), 32 (m.), 36 (u.), 39, 45, 46, 52 (u.), 53, 54, 55, 56, 58, 59, 60, 61, 62, 64, 72, 73, 76, 82, 83 (l.u.), 84, 88, 90 (l.u. und r.u.), 91, 92 (m. und u.), 93 (o. und m.), 94 (o. und m.), 95, 96 (o. und m.), 97, 131, 140 (o.), 144 (l.o.), 171 (r.u.)
Sabine Glässl: S. 77, 83, 110, 129 (r.u.)
Melinda Manz: S. 26
Petra Debusmann: S. 87 (u.)
Cordula Kelle-Dingel: S. 81 (o.), 98, 99
Sandra Nowack: S. 125
Aubry Scheuer: S. 144 (o.r.)
Christian Habel: S. 138
Nele Jung: S. 147 (o.)
Carmen Adam: S. 161 (o.), 162 (r.o.)
Patrik Neumeister: S. 172 (l.u.)
Helga Gebendorfer: S. 47, 68, 70/71, 92 (o.), 93, 94 (u.)
Renate Baierlein: S. 63
Monika Ebner: S. 108 (u.)
pixabay: S. 4 (u. © Horst Auer), 7 (r.u. © Herbert Aust), 172 (Stern © Nokta), 172 (Lorbeerkranz © Clker-Free-Vector-Images), 172 (Polaroid © Clker-Free-Vector-Images)

AdobeStock: Titel (l.o. © crimson),
S. 2 (o. © Todor Rusinov), 7 (l.o. © Vital),
11 (© gerasimov174), 14 (© giamplume),
16 (© Ibrahim), 17 (o. © Marina),
21 (© Todor Rusinov), 22 (© Victor1153),
23 (© Robert CHG), 24 (© acrogame),
25 (© master1305), 31 (© Juulijs),
47 (u. © JM Soedher), 49 (u. © Grubärin),
51 (© Tom Bayer), 67 (© Ulrich),
96 (u. © Richard Semik), 137 (© Sigena),
140 (m. © Igor), 146 (l.u. © ollirg),
146 (r.u. © Evdoha), 147 (l.u. © tamaslaza3),
147 (r.u. © Bobby), 148 (© kozorog),
149 (© surpasspro), 152 (© Ilja), 153 (© GenoM.),
157 (© Christian Müller), 158 (© Grubärin),
160 (u. © Ricant Images), 161 (u. © rouakcz),
162 (© Studio615)

istock: Titel (l.u. © VMJones und
r.o. © DaydreamsGirl),
S. 7 (r.o. © JohnCarnemolla), 12 (© madcorona),
13 (© clu), 15 (© duncan1890), 17 (© Vladi333),
18 (© duncan1890), 19 (© ilbusca),
32 (u. © tifonimages), 33 (u. © Andreas Voelkel),
33 (m. © kali9), 34 (o. © Fertnig),
34 (u. © slowmotiongli),
65 (© Sviatlana Lazarenka), 66 (© clu),
74 (© Birgittas), 75 (© middelveld), 87 (© clu),
108 (o. © Ershova Veronika), 126/127 (© Renee),
128 (© animalinfo), 129 (l.u. © Kurt Pas),
141 (l.u. © Korbyn Ketchledge),
145 (r.u. © JohnCarnemolla), 150 (© YuriyS),
151 (© iiievgeniy), 152 (u. © FroggyFrogg),
154/155 (© AleksandarGeorgiev),
160 (o. © DekiArt), 162 (l.o. © Alexsey),
162 (l.u. © Fertnig), 163 (o. © Capuski),
163 (u. © dmphoto), 164 (o. © Cylonphoto),
164 (u. © fotografixx), 165 (© gpointstudio),
166 (© VYCHEGZHANINA), 167 (© Dima Berlin),
168 (© monkeybusinessimages)
169 (© janiecbros), 170 (© Arina Bogachyova),
171 (o. © izusek)

Bildnachweise für die Zeichnungen auf folgenden Seiten: 78, 81, 90, 107, 109, 116
Monika Ebner: Hund s/w; **istock:** Hund braun (© Andrew Rybalko), Schäfer/Schafe (© Hennadil); **Noun Project:** Gatter (© Martin Turner); **pixabay:** Pic-ups (© Aamir Daniyal), Salatköpfe (© A K), Sand f. Feldwege (© Yair Ventura Filho), Grau f. Straßen (© Chantelle CeeCee), Wiesenhintergrund (© Satheesh Sankaran), Gras/Graswiese/Steinmauer/Steine/Blumenwiese (© Almeida)

Aus Gründen der besseren Lesbarkeit wird auf die gleichzeitige Verwendung der Sprachformen männlich, weiblich und divers (m/w/d) verzichtet. Sämtliche Personenbezeichnungen gelten gleichermaßen für alle Geschlechter.

Umschlaggestaltung, Layout und Satz: Monika Ebner · Lektorat: Regina Stein · Gesetzt aus der DIN OT
Verlag und Druck: KASTNER AG – das medienhaus, Schloßhof 2-6, 85283 Wolnzach, www.kastner.de

1. Auflage 2023

ISBN 978-3-948677-06-0

Printed in Germany

Inhalt kurz zusammengefasst

Ein Blick in die Vergangenheit

Bei unseren Hütehunden sind die ursprünglichen Eigenschaften wie Jagen, Territorialverteidigung und Sozialverhalten noch weitgehend vorhanden. Das bedeutet, dass Hunde eine soziale Gemeinsamkeit für ihr Wohlbefinden dringend benötigen. Ein Hund kann nur artgerecht gehalten werden, wenn er das Gefühl hat, in einer sozial strukturierten Gemeinschaft zu leben, die auch hierarchisch organisiert ist.

Werdegang, Einsatzgebiete und Fachbegriffe

Die Arbeit am Vieh wird bei unseren Hütehunden in der Regel als genetisches Erbe verstanden. In den letzten Jahrzehnten hat sich allerdings vieles an den Anforderungen an diese Hunde geändert. Ihre Verwendung als Gebrauchs-, Sport- oder Diensthund wird, unabhängig von der Hütearbeit, inzwischen vermehrt als gewinnbringend für Mensch und Hund angesehen.

Hüteschäfer und ihre Hunde

Der Schäferberuf gehört zu einer sehr alten, traditionellen Tätigkeit. Kein alltäglicher Beruf, der besonders in der Vergangenheit für die Versorgung der Menschen mit Kleidung und Nahrung eine wichtige Rolle spielte. Am Beispiel eines Lehrhütens wird über die Anforderungen an einen Hüteschäfer berichtet, wie er sie täglich mit seinen Hunden zu bewältigen hat.

Koppelschäfer und ihre Hunde

Die Aufgaben des Koppelschäfers unterscheiden sich in einigen Punkten von denen des Hüteschäfers. Auch hier gilt: Hunde sind für dieses Aufgabengebiet unverzichtbare Helfer! Mit der Beschreibung einer Hüteprüfung wird die Arbeitsanforderung eines Koppelschäfers dargestellt.

Hütehunde für Rinderhalter und andere Nutztierarten

Hütehunde wurden bereits seit Beginn der Domestikation für die Arbeit mit Haustiere verwendet. Aus dem Altertum sind zahlreiche Zeichnungen bekannt, die Hirten mit Rindern und anderen Haustieren zeigen. So vielseitig wie unsere Hütehunde hinsichtlich ihres Leistungsspektrums sind, so vielfältig sind auch ihre Einsatzmöglichkeiten an den unterschiedlichsten Nutztieren.

Helfer mit vielseitigen Talenten

Unsere Hunde sind soziale Beutegreifer, die zum Überleben besonders leistungsfähige Sinnesorgane benötigen. Auch wenn Hunde bei uns Menschen meist als Partnerersatz und Freizeitgefährten verstanden werden, so dürfen wir ihre empathischen Fähigkeiten nicht außer Acht lassen. Ihr Geruchssinn und ihr soziales Verhalten machen unsere Hütehunde zu perfekten Helfern. Inzwischen wissen wir, dass ihr Leistungsvermögen für uns Menschen noch lange nicht vollständig bekannt ist.